观赏热带鱼图鉴

—编 著—

张 斌

Guanshang Redaiyu Tujian

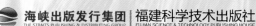

海峡出版发行集团 福建科学技术出版社
THE STRAITS PUBLISHING & DISTRIBUTING GROUP | FUJIAN SCIENCE & TECHNOLOGY PUBLISHING HOUSE

图书在版编目（CIP）数据

观赏热带鱼图鉴 / 张斌编著 . —福州：福建科学

技术出版社，2018.8

ISBN 978-7-5335-5518-4

Ⅰ．①观… Ⅱ．①张… Ⅲ．①热带鱼类—观赏鱼类—

图集 Ⅳ．① S965.8-64

中国版本图书馆 CIP 数据核字（2017）第 316041 号

书　　名	观赏热带鱼图鉴
编　　著	张　斌
出版发行	福建科学技术出版社
社　　址	福州市东水路 76 号（邮编 350001）
网　　址	www.fjstp.com
经　　销	福建新华发行（集团）有限责任公司
印　　刷	福建彩色印刷有限公司
开　　本	700 毫米 ×1000 毫米　1 / 16
印　　张	15.5
图　　文	248 码
版　　次	2018 年 8 月第 1 版
印　　次	2018 年 8 月第 1 次印刷
书　　号	ISBN 978-7-5335-5518-4
定　　价	58.00 元

书中如有印装质量问题，可直接向本社调换

前 言

　　水下世界是一个神奇美妙的空间，生活于其中的水生生物成为世界上数以千万计水族爱好者的"宠物"。在家中使用水族箱饲养热带鱼、无脊椎动物，既美化了环境，也给自己和家人带来无穷欢乐。

　　本书以简明扼要的图说方式，介绍热带鱼、无脊椎动物的家养要诀，以及300余种常见的热带鱼、无脊椎动物。每种热带鱼及无脊椎动物均介绍其观赏指数、饲养难度、市场价位、身长、饲养要诀、注意事项等。其中，观赏指数、饲养难度均用"★"来表示："★"少表示观赏效果差或饲养难度低，"★"多表示观赏效果好或饲养难度高。"市场价位"用低、中、高来表示：淡水鱼的价位一般比海水鱼低，其价位低表示在十几元以下，价位中表示在几十元间，价位高表示在百元以上；海水鱼价位低表示在几十元，价位中表示在几十元至小几百元间，价位高表示在大几百元或千元以上；水草的价位与淡水鱼相似。由于热带鱼的市场价格一直在波动，所以市场价位仅供参考。

　　本书并不像其他同类书那样按鱼的科来分类，而是根据热带鱼的体型来分，热带淡水鱼分为小型、中型、大型三类，热带海水鱼分为中小型、大型两类，这样便于初学饲养者选择自己喜欢的鱼类加以混养。

　　总之，本书力求内容通俗实用，让读者看得懂、用得上。

作者

目　录

常见海洋无脊椎动物饲养与观赏

热带鱼及水草家养要诀

【一】水族箱的选择与配制

1.水族箱的选择与安放

对于初级饲养者来说，水族箱的选择非常重要。选择时，要考虑水族箱的形状、所用的材料、制作工艺和整体外观效果，以及水族箱中可进行气体交换的体积大小。

（1）水族箱的尺寸

水族箱虽是一个封闭的水体，但外界环境变化还是会对水族箱中的水体产生影响（如温度、湿度、空气等）。水体越小，对外界环境的变化就越敏感，对水族箱的影响就越大。因此，在条件允许的情况下，应尽量选择较大的水族箱。在一般情况下，热带淡水鱼水族箱应不小于60厘米×30厘米×30厘米，热带海水鱼水族箱应不小于90厘米×40厘米×30厘米。

（2）水族箱的材料

水族箱按制造材料的不同，可分为塑料水族箱、玻璃水族箱、钢化玻璃水族箱、有机玻璃水族箱及特殊有机玻璃水族箱五种。其中，塑料水族箱因在水中长期浸泡会产生化学反应，已很少被使用；玻璃水族箱是目前使用最普遍的一种，其优点是表面坚硬、透视性好、价格便宜；钢化玻璃水族箱耐冲击强度为普通玻璃的4~5倍，但价格较贵；有机玻璃水族箱质量轻、透视性好、可塑性强，只是表面容易受到刮伤；特殊有机玻璃水族箱可塑性、硬度和透视性都非常好，而且有不会反光、偏光及不雾化三大优点，但价格颇高。人们可根据自己的需要及经济情况自行选择。

（3）水族箱的形状和外观

水族箱的形状和外观各式各样，特别是有了有机玻璃后，水族箱的款式更是丰富多彩，从传统的长方形、多面体形，到现在流行的圆形、椭圆形、半圆形、柱状形等应有尽有，甚至有的将水族箱做成墙面或桌面。选择时，要考虑自家环境是否与水族箱匹配，还要考虑水族箱中可进行气体交换的面积大小，这一点非常重要。

长方形水族箱

壁挂式水族箱

（4）水族箱的安放位置

水族箱加入水后就变得非常重，为安全起见，最好把它放置在专用的水族箱台架上。一般市场上水族箱和台架是成套出售的。安放的位置应考虑避开震动较大的地方（如人经常走动的地方），好让鱼儿安安静静地生活。还要注意地面无倾斜，阳光直射不到，通风良好。此外，注意水族箱旁边最好不要放置电器。

2. 水族箱的配制

热带观赏鱼对生存环境的基本需求是：恰当的水温，良好的水质，充足的光照及足够的溶解氧量。我们将依赖许多水族箱的附属设备，如过滤装置、空气泵、加热器、光照设施等，满足热带鱼对环境的需求。

水族箱附属设备的种类很多，而且海水水族箱与淡水水族箱的附属设备也有一些不同。初级饲养者可能会觉得不知所措，不过不要担心，现在这些设备都可在观赏鱼专卖店中成套购买到，只要初级饲养者看中水族箱的外形是否适合家中环境就可。一旦选好了水族箱，商店专业技术人员就会将水族箱及附属设备安装到家，你所要做的就是了解这些附属设备的作用，掌握操作方法即可。最后提醒一句，对于初级饲养者来说，一定要找一家讲信誉的商店购买。

　　（1）过滤装置

　　过滤装置在热带鱼的饲养中起着维持水质质量的作用，而水质的优劣是决定热带鱼、无脊椎动物及水草能否生存的重要条件。"养鱼必先养水。"这是初级饲养者必须牢记的一条原则。

　　水族箱的过滤方式通常有3种：机械过滤、化学过滤和生物过滤。机械过滤就是从水中直接除去固体微粒和残渣，使水体保持清洁，滤材有滤丝、海绵、细刷、砂砾等。化学过滤能除去具化学毒性的物质，滤材有活性炭、沸石等。生物过滤是一种通过有益微生物的作用，去除及溶解废物的过程。

市售上部式过滤器

市售外置式过滤器

市售内置式过滤器

过滤器的种类有许多种，按安放的位置不同可分为：底部式、上部式、内置式、外置式；按过滤的形式不同，又可分为：单一式、组合式等多种。目前，上部式和内置式过滤器，因价格便宜而被大量使用；过滤效果最好的是外置式过滤器，但此种过滤器价格较贵。对于初级饲养者来说，最好使用外置式过滤器。

（2）空气泵

空气泵的作用是为水族箱补充氧气。水中氧气的增加，不仅可以防止鱼因缺氧而死亡，而且还可以增加水族箱中鱼的放养数量。它的工作原理是由隔膜式或活塞式气泵产生气流，气流通过导气管和相连的散气石或散气木块，变为细小的气泡进入水体中。

市售各种空气泵

在充气过程中，要使表层水产生涌动，这样有助于氧气的溶解和水中二氧化碳的释放。现在许多过滤设备都自带有充气装置，使用非常方便。

（3）加热器

饲养热带观赏鱼，加热器是绝对必需的。因为热带鱼生活在气温或水温较高，且温度相对稳定的地区，无法适应低温生活，一旦水温下降或剧烈震荡，就会立即死亡。

在配备加热器时，要注意水族箱的尺寸越大所配套的加热器功率也应越大。说明书上会介绍加热器适用的水族箱大小。

市售的各种加热器

（4）光照设施

目前国内水族箱的照明用具多采用日光灯。如果仅是饲养热带淡水鱼，那么使用普通家用日光灯就可以了（要使鱼儿更加鲜艳漂亮，必须选择适合该热带鱼品种的日光灯，如红色日光灯等）；如果水族箱中种植有大量的水草，就必须放一根色温在 3300~5300 开的水草专用型日光灯，以利于水草的生长；如果饲养热带海水鱼及海洋无脊椎动物，最好使用色温在5500~6500 开的日光灯（要使无脊椎动物长得更好，可额外提供蓝光和紫外光灯管）。

照明日光灯

（5）其他设备

在以下设备中，有些是淡水水族箱和海水水族箱通用的，有些却是海水水族箱专用的。初级饲养者应尽可能备全相关设备，因为刚装配好的水族箱容易出现各种各样的问题。

温度计：依安置方式不同，可分为两种，一种是以背胶粘贴于水族箱外壁上，另一种是以吸盘吸附在水族箱的内壁上。依测温的原理不同，温度计又可分为水银式、酒精式及液晶显示式等。选购观察容易、显示清楚者。

测试盒：饲养者还至少应备有能测定酸碱度（pH）、氨、亚硝酸盐和硝酸盐的测试盒。饲养海洋无脊椎动物，还应有一个能测定铜含量的测试盒。

比重计：海水水族箱专用，通过测量比重来确定盐度。

温度计

蛋白撇清器：海水水族箱专用，用以控制污染水质的生物复合体。

臭氧发生器：海水水族箱专用，与蛋白撇清器联合使用，其作用是净化水质，控制病原微生物的生长。

备用散气石：以防使用中的散气石被堵塞。

备用加热器：使用中的加热器损坏时用于替换。

备用散气石

各种规格的网：细网、粗网，大网、小网，多备些，绝对有好处，价格也不贵。

水草夹：有长柄，一端的鳄鱼嘴状夹子可由另一端操纵。用途很广，不仅可栽植水草，还可移走死鱼、腐烂植物及其他东西。

吸水管：可以是胶皮管、塑料管，也可以是玻璃吸管。用以吸出及清除水族箱底部沉积的鱼粪、饵料残渣等污物，换水时也可使用。

擦洗用具：可以清除箱内玻璃上滋生的青苔或壁上尘埃等污物。

储水桶：可用普通塑料桶。供添水或换水时晾水用，使水中氯气逸出，并使水温与养鱼用水更为相近。

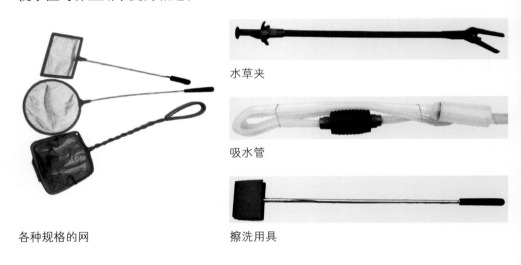

水草夹

吸水管

各种规格的网　　　　　　　擦洗用具

（二）热带鱼的选购、运输和放养

水族箱装配完毕后，有一个逐渐成熟的过程。新装配的水族箱过于"原始"，只能在其中养水草，鱼类和无脊椎动物无法生存。所有类型的水族箱都需要一个成熟期，尽管现有水质调节剂和促成熟媒剂可加快水环境的"成熟"过程，但最好不要过分使用，否则会适得其反，出现问题。一般淡水水族箱成熟期大约为1周；海水水族箱需要1个月或更长时间，完全成熟需要1年左右。

1. 热带鱼的选购

对于初级饲养者来说，无论你如何认真，都不能保证自己挑选的鱼是健康的。

找一家可靠的水族店是最重要的。这样的店往往会将刚购进的鱼先养上一段时间，经过检疫和适应性饲养后，再将状态较好的鱼拿出来出售。

（1）购鱼的时机

尽可能傍晚去买，此时将鱼放入水族箱中最合适，可避开白天对水族箱产生的不良影响。买鱼时只要看到店中有任何一尾死鱼或病鱼，不管其他鱼看起来多么健康美丽，都不要购买。如果店员告诉你这些鱼是野生鱼，刚购进的，那你最好过几天再来买。

（2）热带鱼的选择

健康的热带鱼，体色鲜亮，体表光洁，外表无畸形，鳃盖开合自如，各鳍和脊椎无破损，游动迅速，群游群栖，抢食积极，用捞网捞取时不断挣扎、跳动，不易抓到。脱离群体、独自游动、躲在水族箱一角者，多半是身体不适或不健康的鱼。选择海水鱼时，还要注意所选的鱼是否已会食用人工饵料，因为海水鱼绝大多数为野生鱼，而还没学会食用人工饵料的鱼较难养活。

2. 热带鱼的运输

一般商店都会将你购买的鱼装入塑料袋，而后打入氧气，你就可以提回家了。在运输热带鱼时最好将包装好的鱼放在保温袋或保温盒中，以减少回家途中水温的变化。现在水族店还会提供一种双层塑料袋，也有很好的保温效果。此外，

将鱼装入塑料袋

如果塑料袋是透明的，最好在外面再包一层报纸，以减少外界强光对鱼的刺激。

3. 热带鱼的放养

回到家后不能立即将鱼倒入水族箱中，否则会出现危险。先不要打开袋口，将塑料袋直接放在水族箱中 5~10 分钟。如果袋子较大，放置时间可长些。待袋内的水温与水族箱的水温大体一致时，将袋口打开，将水族箱中的水徐徐加入袋

中（一次不要加太多，尽量反复多次），让鱼慢慢适应水族箱的水质。最后再将鱼慢慢倒入水族箱内。这样可使鱼尽快适应新的环境，提高鱼的成活率。

还要注意的是，放养时水族箱的灯最好关闭，放养的时间最好在傍晚（让鱼类在昏暗的条件下有一整晚的适应时间）。如果水族箱中已饲养有鱼群，在新鱼放入前，最好喂饱水族箱中的鱼，以避免老鱼攻击新鱼。

对于初级饲养者来说，必须了解自己水族箱中适合放养热带鱼的数量。因为放养过多必将导致水族箱中过滤器超负荷运转，水质下降，鱼类间相互争斗，

将塑料袋直接放入水族箱

将水族箱中的水徐徐加入袋中

将鱼慢慢倒入水族箱中

直至死亡。热带鱼的种类繁多且养殖条件千差万别，因此很难准确地说出一个水族箱到底能养多少鱼。不过，也有一些原则可供参考：其一，淡水水族箱，以水面面积为准，一般每 75 厘米^{2}可养 1 尾 2.5 厘米长（不包括尾长）的热带淡水观赏鱼。如果饲养非洲裂谷湖泊的慈鲷科鱼放养数量可提高 50%，但必须使用高效的过滤系统。其二，对于海水水族箱，一般每 300 厘米^{2}只能养 1 尾 2.5 厘米长（不包括尾长）的海水观赏鱼，不过海洋无脊椎动物的饲养密度可以高些。其三，对于刚配置好的水族箱，只能放养其能容纳总数的 50%（海水鱼要更少些），几周后（海水鱼需半年后）再增加放养数量，这样可避免一下子给过滤器施加过大的负荷，以提高鱼的成活率。

（三）热带鱼的配置

1. 配置的原则

人们都喜欢将色彩各异、体形不同、习性不同的各类热带鱼混养在一个水族箱中，以增加水族箱的美感，获得更多的乐趣。

热带鱼的种类不同，习性也各不相同，有温和的、凶猛的，有食肉的、食草的、杂食的。如果要将不同种类的鱼混养在同一水族箱中，就务必选择那些性情温和的鱼。如果水族箱中植有水草，那就不宜饲养草食性鱼类。搭配鱼时还要考虑鱼的大小不要相差过大，大型鱼往往会独占饵食，驱赶小鱼，甚至有的大型肉食性鱼类还会把小鱼吃掉。此外，还要注意鱼的年龄，在配鱼前了解这种鱼成年后的最大体长，而后再选择购买。总之，要选择习性相似、体型大小相近、性情温和的鱼混养。

搭配鱼时还要考虑美观。首先，要合理配置生活在水体上、中、下层的鱼类，一般上、下层少些，中层多些。如果只放养喜欢在某一层游动的鱼，势必降低观赏效果。其次，鱼色彩的搭配也很重要，颜色不要过于单一。

具体来说，配置时必须注意以下事项：

（1）对于热带淡水鱼初级饲养者来说，卵胎生花鳉科的各种孔雀鱼、玛丽鱼、剑尾鱼及月光鱼是最适合混养的品种。它们性情温和，不会攻击其他鱼类，凡是不会伤害它们的鱼类（如小型脂鲤科鱼、小型鲤科鱼、小型鲶科鱼、攀鲈科鱼、小型慈鲷科鱼等）都能和它们混养。

（2）孔雀鱼、神仙鱼等鱼鳍较长的种类不能和银屏鱼、虎皮鱼等爱咬尾鳍的鱼混养。

（3）一般水族箱中都要混养一些鲶科的鼠鱼类，作为水族箱的"清洁工"，还可增强观赏效果。

（4）七彩神仙鱼有吞食小型鱼的习性，不宜与其他小型鱼类混养。

（5）脂鲤科的种类繁多，体型大、中、小都有，一般适合混养的是体型较小的种类（如红绿灯鱼、玻璃扯旗鱼、黑裙鱼等）。

（6）慈鲷科的凤凰鱼、菠萝鱼等也可以和小型脂鲤科鱼、小型鲤科鱼及卵胎生花鲻科鱼等混养。

（7）生活于非洲裂谷湖泊的慈鲷科鱼，喜欢生活在弱碱性的硬水中，所以不能和适宜生活在其他水质中的鱼混养，最好是同产地的几种非洲慈鲷科鱼一起混养。

（8）有些鱼成年后会长得很大，也不适合混养，如红尾鲶鱼、铲鼻虎鲶鱼等。

（9）半咸水性鱼类（如金钱鱼、黄鳍鲳鱼、射水鱼等），基本上不能和适应其他水质的鱼混养。

（10）小型河鲀鱼会攻击其他鱼类的鳍，而大型河鲀鱼会吞食别的鱼，不宜混养。

（11）许多大型鱼类（如龙鱼、翻天刀鱼、雀鳝鱼等），不宜与其他鱼类混养。

（12）在配置热带海水鱼时，如把两三尾大小相同的蝴蝶鱼或神仙鱼放养在一起，彼此间会争斗，但把许多种类、大小都不同的鱼放在一起，倒可"和平共处"。

（13）在配置热带海水鱼时，避免将雀鲷鱼或更小的鱼与专吃小鱼的笛鲷鱼、鲀鱼等大型鱼养在一起。

（14）在配置热带海水鱼时，如果在水族箱中养了大量的活珊瑚虫、海绵等，就不要养专吃这些食物的鱼类（如蝴蝶鱼等），否则漂亮的珊瑚就会很快被吃光。

（15）在配置热带海水鱼时，吃食快的鱼不要和吃食慢的鱼放在一起，因为吃食慢的鱼有可能因抢不过吃食快的鱼而饿死。

（16）在配置热带海水鱼时，如果饲养的是体型较大的鱼类，就不宜饲养珊瑚等无脊椎动物，因为不会移动或移动缓慢的无脊椎动物，很容易遭到游动迅速的大鱼的破坏。

2. 几种热带淡水鱼的配置类型

（1）经济实惠型

配置一：卵胎生花鳉科鱼（为主）+ 小型脂鲤科鱼 + 小型鲤科鱼 + 小型鲇科鱼（鼠鱼类）+ 小型慈鲷科鱼 + 水草。

热带淡水鱼经济实惠型配置一

配置二：小型脂鲤科鱼（为主）+ 小型鲤科鱼 + 小型鲶科鱼 + 水草。

热带淡水鱼经济实惠型配置二

配置三：小型鲤科鱼（为主）+ 卵胎生花鳉科鱼 + 小型慈鲷科鱼 + 小型鲶科鱼 + 水草。

热带淡水鱼经济实惠型配置三

配置四：攀鲈科鱼（为主）＋小型脂鲤科鱼＋小型鲤科鱼＋小型鲶科鱼＋水草。

热带淡水鱼经济实惠型配置四

配置五：黑线鱼科鱼（为主）＋小型鲤科鱼＋小型鲶科鱼＋水草。

热带淡水鱼经济实惠型配置五

（2）中高档型

配置一：七律彩神仙鱼（为主）＋小型鲤科鱼＋小型鲶科鱼（鼠鱼类）＋水草。

热带淡水鱼中高档型配置一

配置二：红龙鱼＋大型慈鲷科鱼（如绿面皇冠鱼、血鹦鹉鱼等）＋大型鲶科鱼（如琵琶鼠鱼、红尾鲶鱼等）＋其他科鱼类（如珍珠缸鱼、泰国老虎鱼等）。

热带淡水鱼中高档型配置二

3. 几种热带海水鱼的配置类型

配置一：小丑鱼＋小型鲹科鱼＋天竺鲷科鱼＋虾虎鱼科鱼＋海洋无脊椎动物（如珊瑚、海葵等）。

热带海水鱼配置一

配置二：小型雀鲷科鱼＋小型盖刺鱼科鱼＋小型刺尾鱼科鱼＋小型隆头鱼科鱼＋海洋无脊椎动物。

热带海水鱼配置二

配置三：雀鲷科鱼＋蝶鱼科鱼＋盖刺鱼科鱼＋刺尾鱼科鱼＋隆头鱼科鱼＋鳞鲀科鱼。

热带海水鱼配置三

（四）热带鱼的日常管理

1. 热带鱼的饵料与投喂

（1）热带鱼的饵料

饵料有活饵、植物性饵料、冷冻饵料及人工饵料等多种。

活饵：也被称为动物性饵料，包括鱼（淡水鱼苗、金鱼苗等）、虾、水蚯蚓、血虫、轮虫、水蚤、蚯蚓、面包虫、红虫等。一般可就地取材，在自己家附近河流、湖泊捞取或从市场购买。然而，活饵容易携带病菌，所以在喂养前要做好清洗、消毒工作，以防传染疾病。

活饵（淡水鱼苗）

活饵（水蚯蚓）

植物性饵料：有焯过的青菜、绿藻、紫菜等。其中以螺旋藻最好，可加快鱼的生长，提高繁殖力，使鱼体色更加艳丽。水藻可自己培养，也可到养鱼专卖店中购买。

冷冻饵料：有速冻的红虫、切成薄片的鱼肉和虾肉等。平时贮存在冰箱，需要喂食时再拿出来就可以了。现在较流行的是冷冻干燥饵料，其保存时间长，且疾病传染性低，是非常好的鱼饵食品，可从市场购买成品。

活饵（水蚤）

人工饵料：可以食用的动物、植物和其他物质，经过人工配制而成的饵料。人工饵料针对不同的鱼类有不同的配方，所以品种非常繁多，而且形状也有薄片状、颗粒状等数种。由于其配方科学，营养全面，又可以加入鱼类所需的多种维生素或治疗鱼病的药物，还可以长时间存放，故已成为现在饲养热带鱼的主要饵料。

各种人工饵料

（2）热带鱼的投喂

一般1天投喂1~2次，繁殖期可1天投喂2~4次，一些大型肉食性鱼类每隔2~3天喂1次。投饵量以5分钟内吃完为宜。喂食的时间以早晨开灯后1~2小时、晚上关灯前2~3小时为宜，以利于鱼摄食和消化。饵料须均匀撒入，使得弱小鱼儿也能抢到食物。喂食要定时定量。如果一次喂给太多，应尽快将残留物吸出，以免造成水质污染。

热带鱼的投喂

2. 水温与水质的管理

（1）水温的管理

每类鱼都有适宜自己生长、繁殖的水温范围，超过这一范围就有可能导致鱼生病、死亡。热带淡水鱼大多来自热带及亚热带地区，对水温的要求较高，生长水温一般以22~28℃为宜，昼夜温差不要超过5℃；繁殖水温以26~30℃为宜，昼夜温差不能超过2℃。热带海水鱼的水温应控制在26~28℃，而且允许的温差更小些。

（2）水质的管理

热带淡水鱼的产地不同，对水质的要求也有所不同，其中最重要的就是酸碱度。水的酸碱度以pH表示，pH=7时为中性，pH＞7时为碱性，pH＜7时为酸性。大多数热带淡水鱼都喜欢中性水，部分品种喜欢弱酸性或弱碱性水质。要根据鱼喜好酸碱度的不同，对水质进行调整。先用pH试纸或pH测定液或pH专用测定仪进行测定，然后在水中加入化学药品调节。现在市场上出售的大多数热带淡水鱼都是人工繁殖的，其中有许多是人工培育的品种，它们已经完全适应人工环境下的中性水质，不再像它们的野生同类一样对水质酸碱度的要求那么苛求。最方便易得、清洁卫生的中性水，就是我们家中的自来水，只要注意除去自来水中的氯就可以使用。除氯的方法是将水搁置2~3天。

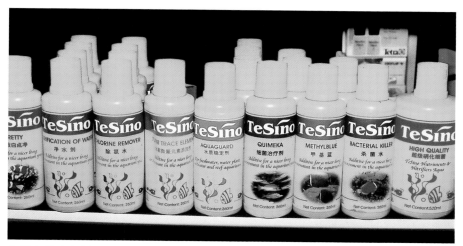

各种水质改良剂

　　热带海水鱼虽然分布于世界各大洋，但由于各大洋相连，所以它们对水质的要求基本相同。热带海水鱼对水质的要求很高，稍有偏差就会使鱼生病或死亡。海水的比重应控制在 1.022~1.023，海水的 pH 应控制在 8~8.5，海水的硬度应控制在 7~9 德国度（1 德国度 =0.3566 毫克当量／升）。海水中的亚硝酸盐含量应在 0.3 毫克／升以下，海水中的硝酸盐应控制在 5 毫克／升以下，海水中的铁含量应控制在 0.05~0.1 毫克／升。所以每隔 1~2 个星期就要使用专业测试剂或测试仪进行测定。如这些数据中有一项没有达到标准，就要用各种水质改良剂进行补救，从而保证海水水质稳定。值得注意的是，人工海水放入水族箱时，应在水族箱外标出水面的位置；当水分蒸发而使水位下降后，水中物质的浓度就会加大，水位下降到一定程度时就要补充淡水。

　　现在的水族箱虽然有完善的水质循环过滤系统，但水族箱中的水总有一定的使用期限，必须经常用新水换去旧水，以保持水清澈、新鲜。因此，换水是饲养热带鱼关键的一项技术。一般淡水水族箱每隔 1~2 周换 1 次水，海水水族箱每隔 1 个月换 1 次水，每次应换去水族箱中总水量的 1/4~1/3。在换水前两天就要调好新水，新水的水质、温度都要与旧水相同。换水时切断电源。抽水时将吸水管口放入水底，在抽水的同时也将底砂上的污垢沉积物吸去，但注意不要吸进底砂，以免堵塞吸水管；新水要缓慢放入，以避免鱼类受到剧烈冲击。

从水底吸去水和污垢沉积物

将新水缓慢加入水族箱

3. 水族箱的养护

（1）日常的养护

一般情况下每天须定时定量投喂食物 2 次或 2 次以上。在喂食前后观察鱼的健康状况。如发现病鱼，应将其移出水族箱进行治疗。观察鱼有无繁殖活动，若有，应将鱼苗或正在追逐的亲鱼移到其他水族箱。检查水温是否正常，检查过滤器及其他设备工作是否正常。在房间开灯后几分钟或天亮后开水族箱的灯，在房间关灯前几分钟或天黑前关水族箱的灯。

（2）每周的养护

停止喂鱼 1 天（不包括正在繁殖的鱼和幼鱼）。检查加热器是否出现开裂等问题。检测水的 pH、硬度、比重（海水水族箱）、氨和亚硝酸盐的含量，必要时进行调节。检查饵料、水处理剂和药物等的贮备量。

（3）每两周的养护

淡水水族箱换水 1 次。刮除水族箱正面玻璃上生长过度的藻类。海水水族箱如果水蒸发过多，可用淡水添加满。

（4）每月的养护

海水水族箱换水 1 次。整个过滤系统清洗 1 次，但要和换水时期隔开一段时间。清洗或更换散气石。清洁水族箱的整体外观。仔细检查所有水族箱设备，如有问题，尽快修理或更换。修剪或摘除枯掉的水草叶子，拔掉过密的水草或补种水草。

〔五〕水草的布置、栽种和修剪

美丽的水草

  水草是淡水水族箱中最重要的装饰植物，它不仅能美化水族箱的环境，还能为水族箱补充氧气，改善水质。以前，种养水草是一件相当困难的事，只有经验丰富的专业人士才能胜任。近年，随着水草专用种养工具或用品的出现（如二氧化碳添加器或二氧化碳瓶、日光灯、肥料等），尤其是底砂铺置技术的发展，使水草的种养变得越来越简单了。只要掌握水草专用种养工具的使用方法，即使初级饲养者也能种养出一缸美丽的水草来。

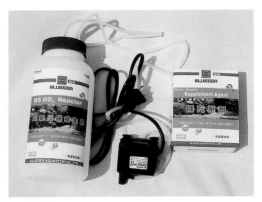

二氧化碳添加器

水草基肥

1. 水草的布置

水草液肥

先装配水族箱及附属设备（包括水草专用的二氧化碳添加器或二氧化碳瓶、色温 3300~5300 开的水草专用型日光灯），然后开始铺置底砂。底砂多以硅砂或大溪砂为主，将砂与水草生长所需的基肥，按一定比例混合，然后将其中 1/3 的砂平铺在箱底，剩余的砂可以平铺，也可堆成高低起伏状。往水族箱中注满水后，将一些具备过滤功能的微生物放入水族箱中，经过 3~4 天后，水族箱的水变得比较干净，此时就可以种植水草了。

在水草的造景中，要有前景、中景、后景和侧景。前景种植些低矮的水草，如矮珍珠、鹿角苔、莫丝、地毯草等，这主要是为观赏热带鱼及投喂饵料创造一个空间。中景应配植较长的水草，如大水榕、绿柳、红柳、红蛋叶等，起承前启后的作用。后景与侧景应配植长且线条丰满的水草，如大宝塔、红丁香、托尼纳草、红松尾等，与前景和中景形成一定反差。这样景色才显得生动壮观。

适于作前景的矮珍珠

适于作中景的大水榕

适于作后景与侧景的大宝塔

2. 水草的种植

（1）水草种植的一般方法

种植时应从较大的植株或景观中的主要水草种起，如有沉木和山石应先将它们摆好，沉木上的水草应事先种好。沉木上种植水草的方法是用钓鱼线或深色的细线将水草捆绑在沉木上，数日后即可成活。种植水草时，可使用镊子或水草夹，夹住水草的根茎部，栽入底砂后再将根部固定好，但要注意水草的根茎较嫩，容易损伤，夹时要小心。种植的顺序应从水族箱后部开始。水草不要种得过密，给它们留出生长的空间。用一些水草遮盖住水族箱内侧的死角或过滤器、加热器等，使水族箱显得更为美观自然，但要注意不能碰到过滤器、加热器等。水草种植后，必须定时开启和关闭水族箱日光灯，数日后等水环境"成熟"后，就可放养热带鱼了。

在沉木上种植水草

（2）两类水草的栽种

水草可分为有茎水草和丛生水草两类。有茎水草的特点是水草主茎只会笔直地往上长，叶片在主茎的两边生长，如红茎丁香、紫叶红、小对叶、大宝塔等。丛生水草的特点是叶片呈花瓣形排列，即从植株的中心长出新的叶片来，如水蒜、红色芋、长水剑、大叶绉边、阿芬椒草等。这两类水草的种植方法有所不同。

有茎水草（红茎丁香）

丛生水草（水蒜）

　　有茎水草的栽种方法：将水草从袋套中取出；去除包裹在水草根部上的海绵或砂土；将水草及根部上的砂土、污物等洗净；剪去水草上的枯叶和多余的根，由于有茎水草的茎节处可以长出根来，故应在茎节的下方一段距离处剪断；用镊子或水草夹将修剪过的有茎水草插入底砂中，埋至基部叶片下端位置，再将根部固定好，底砂刮平即可。

有茎水草的栽种（一）

有茎水草的栽种（二）

有茎水草的栽种（三）

有茎水草的栽种（四）

有茎水草的栽种（五）

有茎水草的栽种（六）

丛生水草的栽种方法：先将水草从袋套中取出；去除包裹在水草根部上的海绵或砂土；将水草及根部上的砂土、污物等洗净；剪去水草上的枯叶和多余的根须，但不要把主根剪伤；用镊子或水草夹夹住根须，将植株栽入底砂中，再将根部固定好，底砂刮平即可。注意夹根须时避免夹伤主根。

丛生水草的栽种（一）

丛生水草的栽种（二）

丛生水草的栽种（三）

丛生水草的栽种（四）

丛生水草的栽种（五）

丛生水草的栽种（六）

丛生水草的栽种（七）

3. 水草的修剪

水草的生长速度很快，如不加以管理，不长的时间就会长得过密，影响观赏效果，或长得高出水面，或在水面平摊开而挡住光线，使底下的水草枯死。因此修剪水草就成了不可或缺的一项工作。

对于生长过密的水草，要进行间株，多余的水草可种入其他水族箱；对于枯萎的水草或叶片，将其移出，如产生空的区域，就需要补种；对于影响采光的浮叶必须剪掉；对于一些长得过高的有茎水草，拔出并修剪短后，再将上端部分重新种入。修剪时可有意将水草修剪成高低不一、逐渐

将有茎水草剪成高低不一

变化的样子，然后将高的水草种在后部，低矮的水草种在前面，形成层次感，这样更具观赏效果。

常见热带淡水观赏鱼饲养与观赏

一般人们所说的热带淡水观赏鱼，是指热带或亚热带淡水水域中具有观赏价值的鱼类。其中已被成功饲养的约有 1000 种，目前在市场上较常见的有 200 余种。热带淡水观赏鱼的分布地域广阔，种类繁多，体形各异，色彩缤纷。其中较著名的大类有花鳉科、鲤科、脂鲤科、慈鲷科、鲶科、攀鲈科、黑线鱼科等，这些科的鱼加上其他一些较特别的种类（如龙鱼、雀鳝鱼、象鼻鱼、金钱鱼等），为当今观赏鱼饲养的主流。

饲养热带淡水观赏鱼时，通常水温控制在 18~32℃，繁殖水温控制在 24~28℃，而且昼夜温差不要超过 5℃，繁殖期温差不超过 2℃。由于产地不同，它们对水质的要求也会有所不同，有些热带鱼品种喜欢中性水质，有些则喜欢弱酸性或弱碱性水质。从食性来说，有肉食、草食和杂食。其繁殖要求也较为复杂，繁殖方式多种多样，有卵胎生、泡沫卵生、口孵卵生等。

在热带淡水观赏鱼的饲养模式上，现在通常都使用混养模式。选择混养种类时，除了须注意观赏鱼对水质和食性的要求外，还应根据观赏鱼的体型大小来选择。

（一）小型热带淡水观赏鱼

小型热带淡水观赏鱼大多价格低廉，容易饲养和繁殖，也容易混养，饲养成本较低，而且品种繁多、体形各异、色彩艳丽，是初级饲养者及普通家庭选择的最佳品种。由于它们的体型小，在水族箱中所占空间小，所以极为适合饲养在种植有各种水草的水族箱中，使水族箱更具观赏效果。

在热带淡水观赏鱼的七大科中，以花鳉科、鲤科、脂鲤科、攀鲈科、黑线鱼科中的小型鱼居多，而且它们之间大多数适合混养，所以成为市场上的主流。不过一些性情温和，不会伤害小鱼的中型鱼类，也适合与小型鱼混养。还有一些中型鱼的幼鱼，也非常适合混养，但要注意它们在长大后是否具有攻击性。

孔雀鱼 （百万鱼）花鳉科

观赏指数：★★★★★

饲养难度：★★

市场价位：低

身长：雄鱼可达 3~4 厘米，
雌鱼可达 6~7 厘米

银白剪尾孔雀鱼

饲养要诀：活泼可爱，性情极为温和。对水质要求不严，水温只要不低于 15℃ 就可生长良好，喜中性或弱碱性水质。杂食性。繁殖容易，属卵胎生。繁殖时可按 1 尾雄鱼配 4 尾雌鱼的方式混养。当雌鱼腹部膨胀，肛门上的透明部分呈黑色时，把雌鱼移至孵化箱内产仔。雌鱼每次可产仔 50~100 尾，每月可产仔 1 次。

注意事项：不能和银屏鱼、虎皮鱼等爱咬尾鳍的鱼混养。

蓝身黄剪尾孔雀鱼

红尾半黑孔雀鱼

红色孔雀鱼

玛丽鱼 （**帆鳍玛丽鱼**）花鳉科

观赏指数：★★★★★
饲养难度：★
市场价位：低
身长：可达 10 厘米左右

黑皮球玛丽鱼

饲养要诀：性情温和，从不攻击其他鱼，是混养的好品种。对水质要求不高，喜中性或弱碱性硬水，饲养水温 22~26℃。杂食性，饵料以鱼虫为主，也可食人工颗粒饵料。清澈的水和固定的植物有利于鱼的发育及繁殖，也能适应带盐分的水。繁殖非常容易，属卵胎生。繁殖水温 24~26℃，雌鱼每次产仔 50~150 尾。

金皮球玛丽鱼

黄金帆鳍玛丽鱼

白金帆鳍玛丽鱼

剑尾鱼 （剑鱼）花鳉科

观赏指数：★ ★ ★ ★ ★

饲养难度：★

市场价位：低

身长：可达 10~12 厘米

白剑尾鱼

饲养要诀：性情温和，但雄性会彼此争斗。对水质适应能力很强，饲养水温22~25℃，喜中性或弱碱性硬水。杂食性，喜食动物性饵料。繁殖非常容易，属卵胎生。临产前的雌鱼腹部有一明显的胎斑，每次产仔 50~100 尾。

注意事项：此鱼的一大特征为性别转换，约有 50% 的雌鱼在某个时期会转换成雄鱼。

红黑剑尾鱼

凤梨琴尾剑尾鱼

红眼帆鳍红剑尾鱼

斑剑尾鱼 （月光鱼、月鱼）花鳉科

观赏指数：★★★★★

饲养难度：★

市场价位：低

身长：可达 4~6 厘米

红鳍蓝珊瑚斑剑尾鱼

饲养要诀：杂食性，可摄食各种饵料。饲养水温 22~25℃，喜中性或微碱性水质。此鱼是容易杂交配种的卵胎生鱼，怀卵期约为 4 个星期，雌鱼每次产仔 10~50 尾。

注意事项：喜好群居，如果不严格控制繁殖，鱼色将会消退。要求水族箱种植有多种水草。

红黑斑剑尾鱼

杂斑剑尾鱼 （三色鱼）花鳉科

杂斑剑尾鱼

观赏指数：	★ ★ ★ ★
饲养难度：	★
市场价位：	低
身长：	可达 5~6 厘米

饲养要诀： 饲养水温 20~24℃，喜中性或弱碱性硬水。不择食，喜食动物性饵料，也食水草、青苔。繁殖与斑剑尾鱼相同。

注意事项： 要注意环境安静，光线强弱适宜，并多栽植水草。

黄金鳉 （线纹单唇鳉）单唇鳉科

黄金鳉

观赏指数：	★ ★ ★ ★
饲养难度：	★
市场价位：	低
身长：	可达 10 厘米

饲养要诀： 饲养水温 25~30℃，喜弱酸性软水。繁殖时在稍大的水族箱中放 1 尾雄鱼、数尾雌鱼，数天后雌鱼即能在每个角落产卵，卵黏附在水草上，此时将亲鱼捞起。经 12~14 天，孵出幼鱼，这个时期的长短会受到水温的影响。

注意事项： 性情不太温驯，雄鱼有强悍的作风，不可与其他鱼类混养，否则它会大口吞食其他小鱼，或追逐较大的鱼。

玫瑰鲫鱼 （咖啡鱼）鲤科

观赏指数：★ ★ ★ ★ ★

饲养难度：★

市场价位：低

身长：可达 7 厘米

饲养要诀：性情温和，游动敏捷，在水族箱不停地游动，属于"闹鱼"。饲养水温 22~27℃，几乎可在任何水质、任何环境中生活。杂食性，不择食。繁殖容易，每次产卵 300~500 粒，卵经 24~36 小时孵化，孵化后的仔鱼 3~4 天后开始游动觅食，可喂轮虫。

注意事项：常"欺负"小型鱼类，故不宜与小型或动作迟缓的鱼混养。

玫瑰鲫鱼

樱桃鲃鱼 （红玫瑰鱼）鲤科

观赏指数：★ ★ ★ ★

饲养难度：★

市场价位：低

身长：可达 5 厘米

樱桃鲃鱼

　　饲养要诀：饲养水温 22~28℃，喜中性软水。杂食性，不挑饵料。很容易在鱼缸中繁殖，繁殖时水族箱应植满水草或底部铺上水草。雌鱼有吞食鱼卵的习性，要将亲鱼和鱼卵分开。

　　注意事项：因性情非常温和，故常被大型鱼类和凶猛鱼类"欺负"。适用小型鱼缸饲养，可与同样大小的鱼混养。

黄金鲃鱼 （金条鱼）鲤科

观赏指数：★ ★ ★ ★

饲养难度：★

市场价位：低

身长：可达 10 厘米

黄金鲃鱼

　　饲养要诀：性情活泼而温顺，饲养水温 22~28℃，喜弱酸性或中性水质。杂食性。容易繁殖，将成熟的亲鱼放入植有水草的小水族箱中，产卵后 24 小时即孵出仔鱼。

虎皮鲃鱼 鲤科

虎皮鲃鱼

观赏指数：	★ ★ ★ ★ ★
饲养难度：	★
市场价位：	低
身长：	可达6厘米

绿虎皮鲃鱼

红虎皮鲃鱼

饲养要诀：行动敏捷，喜群游，爱在中层游动。饲养水温24~26℃，对水质要求不高，但孵卵时须用弱酸性水质。杂食性，喜食动物性饵料。繁殖水温25~28℃，每次产卵500粒左右。

注意事项：喜咬其他鱼的长鳍，故不能与孔雀鱼、神仙鱼等混养，但可与游速较快的鱼混养。

斑马鱼 （五条线鱼）鲤科

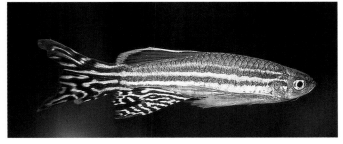

观赏指数：★★★★
饲养难度：★
市场价位：低
身长：可达 5 厘米

斑马鱼

　　饲养要诀：喜活动，不断地在上层游动。饲养水温 22~25℃，喜中性的软水。杂食性，可食人工颗粒饵料。繁殖力强，雌鱼每次产卵 200~500 粒。鱼卵产于小石块下，为无黏性的沉性卵，幼鱼经 36~40 小时孵化，仔鱼静伏在水底 2-3 天，当卵囊内营养吸收完后开始食轮虫或微生物。

　　注意事项：繁殖时注意避免成鱼吃卵，要用一张漂浮的网或在水族箱底部铺上一层鹅卵石，以防止亲鱼将鱼卵吞食。

白云山鱼 （唐鱼、金丝灯鱼）鲤科

观赏指数：★★★★
饲养难度：★
市场价位：低
身长：可达 5 厘米

白云山鱼

　　饲养要诀：可在 10℃的水温下生长，最适合的水温 24~26℃。喜在水族箱的中上层群游。繁殖时将 1 对或数对亲鱼放入种有水草的水族箱中，光线保持稍暗些，水质呈微酸性，雌鱼就可产卵。沉性鱼卵经 2~3 天孵化。

红蓝三角灯鱼 （金三角灯鱼）鲤科

观赏指数：★★★★

饲养难度：★

市场价位：低

身长：可达 4 厘米

红蓝三角灯鱼

　　饲养要诀：性情温和，强健。饲养水温 24~26℃，喜中性或弱酸性软水。杂食性，能摄食大多数饵料。繁殖水温 27~28℃，繁殖期间雄鱼有鲜艳的色彩，雌鱼腹部膨大，雌鱼、雄鱼并列在阔叶水草的叶片背面产卵，产卵后亲鱼离开。

　　注意事项：若养于弱酸性水质中，可展现独有的深红色体色。

飞狐鲫鱼 （角鱼）鲤科

观赏指数：★★★

饲养难度：★★

市场价位：低

身长：可达 15 厘米

飞狐鲫鱼

　　饲养要诀：性情温顺活泼，喜食水族箱内的藻类与寄生虫。饲养水温 23~26℃。通常与其他鱼混养，用以消除水族箱中的杂物。

　　注意事项：可能会攻击同种的其他个体，但不会攻击其他品种的鱼。

彩虹鲨鱼 （红鳍鲨鱼）鲤科

观赏指数：★ ★ ★ ★

饲养难度：★

市场价位：低

身长：可达 12~15 厘米

彩虹鲨鱼（白化）

饲养要诀： 体质强健，饲养容易。饲养水温 22~26℃，喜弱酸性或中性水质。饵料以草食为主，也可投喂人工颗粒饵料。

注意事项： 遇同种鱼时性情粗暴，具有强烈的领地意识，但对其他鱼类却很温和，可与别的鱼混养。

彩虹鲨鱼

长椭圆鲤鱼 （鲤科）

观赏指数：★★

饲养难度：★

市场价位：低

身长：可达 15 厘米

长椭圆鲤鱼

饲养要诀： 性情温和，可与其他鱼类混养。以草食为主，也喜爱吃活饵。饲养水温 23~28℃，喜弱酸性或中性水质。

注意事项： 此种鱼很容易与飞狐鲫鱼混淆，后者的颜色较深些。

日本玫瑰鳑鲏鱼 鲤科

观赏指数：★★★

饲养难度：★

市场价位：低

身长：可达 8 厘米

日本玫瑰鳑鲏鱼

饲养要诀： 栖息于静水或缓流、水草丛生的水域中。杂食性，能摄食大多数饵料。繁殖期 4~6 月，产卵于蚌类的鳃瓣中。

红绿灯鱼 （日光灯鱼）脂鲤科

观赏指数：★ ★ ★ ★ ★

饲养难度：★

市场价位：低

身长：可达 3 厘米

红绿灯鱼

　　饲养要诀：性情温和，可与其他鱼类共处。饲养水温 22~24℃，喜弱酸性或中性软水。杂食性，饵料以鱼虫为主。繁殖条件要求高，要用特纯特软的蒸馏水。

荧光灯鱼 （红灯管鱼）脂鲤科

观赏指数：★ ★ ★ ★

饲养难度：★

市场价位：低

身长：可达 4~5 厘米

荧光灯鱼

　　饲养要诀：饲养水温 22~26℃，喜清澈的软水。杂食性，饵料以小型水蚤为主。繁殖水温 26~28℃，喜微酸性的软水。雌鱼每次产卵 50~100 粒。

　　注意事项：喜欢水草繁茂的鱼缸，有吃卵的习性，故产完卵后要将亲鱼和鱼卵分开。

头尾灯鱼 （**头灯鱼**）脂鲤科

观赏指数：★ ★ ★ ★

饲养难度：★ ★

市场价位：低

身长：可达 5 厘米

头尾灯鱼

饲养要诀： 性情温和，喜欢群居生活，可与其他鱼类混养。对水质要求不高，喜中性水，饲养水温 18~23℃。杂食性，饵料以鱼虫为主。繁殖比较容易，繁殖水温 24~26℃，产巢以金丝草为主。繁殖缸要求昏暗，让亲鱼在黑暗中过夜，一般第二天黎明产卵。雌鱼每次产卵 500 粒左右，受精卵 36 小时孵化，再过 1 天幼鱼就可游动觅食。

潜行灯鱼 （红扯旗鱼）脂鲤科

观赏指数：★ ★ ★ ★ ★

饲养难度：★ ★

市场价位：低

身长：可达 5 厘米

潜行灯鱼

　　饲养要诀：饲养水温 22~26℃，喜中性的软水。杂食性，饵料以鱼虫为主。繁殖水温 25~27℃，喜弱酸性的软水。幼鱼需 6~7 个月成熟。雌鱼每次产卵 200~300 粒。

玫瑰灯鱼 （玫瑰扯旗鱼）脂鲤科

观赏指数：★ ★ ★ ★

饲养难度：★ ★

市场价位：低

身长：可达 5 厘米

玫瑰灯鱼

　　饲养要诀：性情温和，喜群游，能与其他温和的小型鱼类混养。饲养水温 22~28℃，喜弱酸性软水。杂食性，饵料以鱼虫为主。属水草卵石生鱼类。亲鱼性成熟需 6~7 个月，雄鱼繁殖期间有鲜艳的婚姻色，呈玫瑰般艳红。雌鱼每次产卵 200~400 粒。

盲眼灯鱼 （无眼鱼）脂鲤科

观赏指数：★★★

饲养难度：★★

市场价位：低

身长：可达 6~9 厘米

盲眼灯鱼

饲养要诀： 盲眼灯鱼祖先长期生活在全无光线的洞穴中，而使眼睛退化。幼鱼有眼睛，稍后即生出薄膜而把眼睛遮盖，但其他器官却非常发达，游泳时也不会碰到石头或其他鱼。对水温适应能力较强，饲养水温 22~28℃，对水质要求不严。繁殖时在产卵箱的底部铺以尼龙丝或种植石藻，放入雌雄鱼各 1 尾。繁殖水温 26~27℃。雌鱼每次产卵 300~500 粒，孵化期 3~4 天。卵为沉性卵。

注意事项： 性情温和，可与其他温和的鱼类混养。

黑莲灯鱼 （黑霓虹灯鱼）脂鲤科

观赏指数：★★★★

饲养难度：★★

市场价位：低

身长：可达 4.5 厘米

黑莲灯鱼

饲养要诀： 饲养水温 22~24℃，喜微酸性或中性软水。杂食性，以小型水蚤为主食。繁殖水温 25~26℃。亲鱼产卵时喜光线较暗的环境，雌鱼每次产卵达 50~200 粒。繁殖难度稍大。

注意事项： 性情温和而胆小，动作活泼而敏捷，适合与其他灯鱼一起混养。

银屏鱼 （玻璃灯鱼）脂鲤科

银屏鱼

观赏指数：★ ★ ★ ★

饲养难度：★ ★

市场价位：低

身长：可达 4~6 厘米

饲养要诀：喜爱群游，体质强健。生长较快，一般 8 个月成熟。饲养水温 22~28℃，水质以弱酸性的软水为好。此鱼属水草卵石生鱼类，繁殖容易。繁殖水温 26~28℃。每尾雌鱼可产卵 500 粒以上。产卵完毕，要将亲鱼捞出，鱼卵经 36 小时就可孵出。

注意事项：有时性情较暴躁，喜咬其他鱼的长鳍，故不能与孔雀鱼、神仙鱼等混养。

血心灯鱼 （血心扯旗鱼）脂鲤科

血心灯鱼

观赏指数：★ ★ ★ ★

饲养难度：★ ★

市场价位：低

身长：可达 7 厘米

饲养要诀：喜欢大的游动空间。饲养水温 22~26℃，喜中性的软水。杂食性。

注意事项：性情非常温和，在受惊吓时会向四处跳跃，须注意。

玻璃扯旗鱼 （X光鱼）脂鲤科

观赏指数：★★★★
饲养难度：★
市场价位：低
身长：可达4厘米

玻璃扯旗鱼

饲养要诀：性情温和，喜群游，动作敏捷，可与其他体型大小相等的鱼类混养。饲养水温20~28℃，喜弱酸性或中性软水。杂食性，以细小生物为食。繁殖水温25℃左右，繁殖水箱底层要铺砂，栽种一些植株较高的水草。繁殖期间雄鱼有追逐雌鱼的现象，雌鱼每次产卵300~400粒。卵透明，微带黏性，为沉性卵。

注意事项：须群体饲养。

黑旗鱼 （黑幻影灯鱼）脂鲤科

观赏指数：★★★★
饲养难度：★★
市场价位：低
身长：可达4~5厘米

黑旗鱼

饲养要诀：饲养水温22~28℃，喜弱酸性的软水。性情温和，活动力强，可与其他小型鱼混养。杂食性，喜吃活饵。产卵于水草丛中，每次产卵200~300粒。

银尖灯鱼 （美国扯旗鱼）脂鲤科

观赏指数：★★★★

饲养难度：★

市场价位：低

身长：可达 5 厘米

银尖灯鱼

　　饲养要诀：性情温和，喜群游，动作敏捷，易饲养，可与其他体型大小相等的鱼类混养。饲养水温 22~28℃，喜弱酸性的软水。杂食性，以鱼虫为主食。繁殖与同科其他鱼相同。

玻璃红翅鱼 （红尾玻璃鱼）脂鲤科

观赏指数：★★★

饲养难度：★

市场价位：低

身长：可达 6 厘米

玻璃红翅鱼

　　饲养要诀：性情温和，活泼敏捷，宜养于较大的水族箱中，可和其他非凶猛性鱼类混养。饲养水温 22~30℃，喜中性略偏酸性的水质。杂食性。繁殖水温 24~28℃，产卵时要遮光，在水族箱中置水草或尼龙丝。雌鱼每次产卵 200~300 粒，经 24 小时便可孵出仔鱼。

　　注意事项：喜欢在漂浮的植物下群游。

红十字鱼 （金十字鱼）脂鲤科

观赏指数：★★★★

饲养难度：★★

市场价位：低

身长：可达8厘米

红十字鱼

红眼红十字鱼

　　饲养要诀：饲养水温22~28℃，喜弱酸性水质。杂食性，饵料以鱼虫为主，喜欢啃咬水草。繁殖时雌鱼性情凶暴，常攻击并咬伤雄鱼，须在水族箱内植满水草，以供雄鱼躲避雌鱼，也可供黏性鱼卵黏附。雌鱼每次产卵800~1000粒，产完卵后将雌雄鱼分缸饲养。

　　注意事项：性情稍凶暴些，时常让其他鱼体无完肤，故不宜与小型鱼混养。

柠檬灯鱼 （柠檬翅鱼）脂鲤科

观赏指数：★ ★ ★ ★

饲养难度：★

市场价位：低

身长：可达 5 厘米

柠檬灯鱼

　　饲养要诀：性情温和，喜群游，动作敏捷，宜和性情温和的鱼混养。饲养水温 22~26℃，喜弱酸性软水，属低温低氧鱼。杂食性。比较容易繁殖，但雌雄鱼辨别较难。繁殖方法与同科其他鱼相同。

　　注意事项：繁殖时此鱼容易受惊，应把亲鱼放入光线较暗的水族箱，不要去打搅它。产完卵后 1 小时未受精卵呈白色，此时应用玻璃吸管小心地将其吸出，否则会污染水族箱，使所有鱼卵报废。

红鼻剪刀鱼 （红鼻灯鱼）脂鲤科

红鼻剪刀鱼

观赏指数：★★★★
饲养难度：★★★
市场价位：低
身长：可达5厘米

　　饲养要诀：体质强壮，性情温和，喜欢群体生活。饲养水温22~26℃，喜弱酸性软水。杂食性，在野生环境时喜吃水面上的小昆虫。繁殖方法与同科其他鱼相同，但此鱼繁殖非常困难，极难产卵。雌鱼每次产卵100~200粒，孵化情况不佳。

　　注意事项：头部红色的深浅与身体健康状况和水质有关，是一种需下点功夫饲养的热带鱼。

黑裙鱼 （黑掌扇鱼、半身鱼）脂鲤科

黑裙鱼

观赏指数：★★★
饲养难度：★
市场价位：低
身长：可达5厘米

　　饲养要诀：体质强健，爱在水的中层游动。对水质要求不高，饲养水温21~32℃。杂食性。繁殖水温25~28℃，亲鱼性成熟需6个月。属水草卵石生鱼类，雌鱼每次产卵300~500粒。

刚果扯旗鱼 （**刚果鱼**）脂鲤科

观赏指数：★ ★ ★ ★ ★

饲养难度：★

市场价位：低

身长：可达 10 厘米

刚果扯旗鱼

　　饲养要诀：性情温和，喜群游，可以与其他温和的鱼混养。饲养水温 22~26℃，喜弱酸性的软水。饵料以鱼虫为主。繁殖水温 26~27℃，幼鱼需 9 个月达到性成熟，雌鱼每次产卵 100~300 粒。

　　注意事项：宜用大型鱼缸饲养，缸中的水草不要种植太多。

拐棍鱼 （**黑白线鱼、企鹅鱼**）脂鲤科

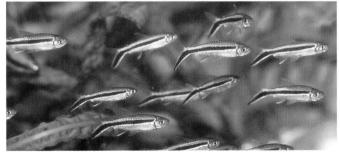

观赏指数：★ ★ ★ ★

饲养难度：★

市场价位：低

身长：可达 6 厘米

拐棍鱼

　　饲养要诀：性情温和，喜欢群居生活，可与其他小型鱼类混养。饲养水温 22~28℃，水质以弱酸性的软水为好。杂食性，喜吃动物性饵料。繁殖水温 26~28℃，此鱼雌雄较难辨别，应先选 1 对亲鱼放入繁殖水箱，如 3 天还不产卵，换一尾雌鱼。

　　注意事项：游动时喜欢头朝上，这并非有病，而是它的习性。养大后性情稍显暴躁。

褐尾铅笔鱼 （管嘴铅笔鱼）脂鲤科

褐尾铅笔鱼

观赏指数：	★ ★ ★
饲养难度：	★
市场价位：	低
身长：	可达 5 厘米

饲养要诀： 饲养水温 22~26℃，喜微酸性的软水。杂食性，吃细粒状食饵、活饵等。繁殖水温 26~27℃。亲鱼任意配对，雌鱼每次产卵 100~150 粒。受精卵 24 小时孵化，再过 2~3 天仔鱼开始游动觅食，可喂细小的洄水饵料。

注意事项： 在游动和休息时呈上倾姿态，头朝上尾朝下，显得非常有趣。

黑线大铅笔鱼 脂鲤科

黑线大铅笔鱼

观赏指数：	★ ★ ★
饲养难度：	★ ★
市场价位：	低
身长：	可达 12~15 厘米

饲养要诀： 饲养水温 22~27℃，喜中性或弱酸性。杂食性，任何饵料都食，尤其喜欢吃青苔及水草。繁殖水温 26~28℃，卵黏性，受精卵须黏附在其他物体上孵化。雌鱼每次产卵 200 粒左右，受精卵经 24 小时便可孵出仔鱼。

注意事项： 性情活泼粗暴，同种间常争斗，几乎不休息，需要绿色植物以及较大的空间。

凤尾短鲷 慈鲷科

观赏指数：★★★★

饲养难度：★

市场价位：高

身长：可达8厘米

凤尾短鲷

　　饲养要诀：饲养水温24~27℃，喜弱酸性至中性软水。肉食性，喜食活饵及人工饵料。繁殖容易，将亲鱼放入准备好的繁殖箱，放入岩石或瓦片供其产卵。雌鱼可产卵70~80粒。

　　注意事项：喜密植水草的鱼缸，最好把一尾雄鱼与几尾雌鱼养在一个水族箱中。

黄尾短鲷　慈鲷科

黄尾短鲷

观赏指数：★★★★
饲养难度：★
市场价位：低
身长：可达 10~12 厘米

　　饲养要诀：饲养水温 22~26℃，喜中性或微酸性软水。饵料有鱼虫、水蚤、颗粒饵料等。繁殖水温 27~28℃。属花盆卵生鱼类，雌鱼每次产卵 300~500 粒，雌鱼孵卵天性极强。

七彩凤凰鱼（凤凰鱼）慈鲷科

七彩凤凰鱼

观赏指数：★★★★★
饲养难度：★
市场价位：低
身长：可达 7 厘米

　　饲养要诀：饲养水温 24~27℃，喜微酸性软水。肉食性，饵料有鱼虫、水蚯蚓、红虫等。繁殖水温 27~28℃。亲鱼性成熟需 6 个月。繁殖时喜光线昏暗、安静环境，以平放的花盆为卵巢，亲鱼将卵产在花盆内，鱼卵由亲鱼轮流护养。雌鱼每次可产卵 50~150 粒。

　　注意事项：胆小，喜安静。

红肚凤凰鱼 慈鲷科

观赏指数：★ ★ ★ ★

饲养难度：★

市场价位：高

身长：可达 10 厘米

红肚凤凰鱼

　　饲养要诀： 喜在水的中下层游动。饲养水温 22~28℃，喜弱酸性至中性软水。杂食性，喜食水蚤等活饵，也吃人工饵料。繁殖水温 27℃，雌鱼每次产卵 200 粒左右，亲鱼有护卵习性。

神仙鱼 （天使鱼、燕儿鱼）慈鲷科

黑神仙鱼

观赏指数：★ ★ ★ ★ ★

饲养难度：★ ★

市场价位：低

身长：可达 12 厘米

饲养要诀：性情温和。饲养水温 22~26℃，对水质没有严格的要求，较喜弱酸性的软水。活饵及人工饵料都吃。生长迅速，约 6 个月即可成熟。繁殖水温 27~28℃，易产卵，亲鱼对幼鱼会格外爱护。刚孵出的仔鱼不会游动，靠吸收卵黄的营养而生长，1 周后能自由游动的幼鱼可喂刚孵出的小丰年虾。

注意事项：不能和银屏鱼、虎皮鱼等爱咬尾鳍的鱼混养。

绵鲤神仙鱼

黑白花神仙鱼

半身黑神仙鱼

金头神仙鱼

非洲王子　慈鲷科

观赏指数：★★★★

饲养难度：★★

市场价位：低

身长：可达 8~10 厘米

非洲王子

　　饲养要诀： 饲养水温 23~26℃，喜弱碱性水质。饵料有鱼虫、水蚯蚓等。属口孵卵生鱼类，繁殖较容易。繁殖水温 27~29℃，亲鱼性成熟需 6~8 个月。产卵时，雄鱼在砂中挖巢射精，雌鱼将卵产在产巢中，且待受精后将受精卵含入口中孵化。这时可将雄鱼捞出，让雌鱼单独照顾卵及幼鱼。

　　注意事项： 最好是同产地的几种非洲慈鲷科鱼一起混养。

血鹦鹉鱼　慈鲷科

观赏指数：★★★★★

饲养难度：★

市场价位：低

身长：可达 12 厘米

血鹦鹉鱼

　　饲养要诀： 对水质适应力极强，少疾病，不挑食，寿命可长达 15 年之久。饲养水温 22~26℃。饵料有鱼虫、水蚯蚓及人工饵料等。幼鱼需 6~8 个月成熟。

　　注意事项： 大群饲养，会形成极佳的观赏效果。

红宝石鱼 （**斑半色鲷**）慈鲷科

红宝石鱼

观赏指数：★★★★★
饲养难度：★
市场价位：低
身长：可达 10 厘米

　　饲养要诀： 饲养水温 23~26℃，喜弱酸性至中性软水。肉食性，昆虫、冷冻饵料、人工饵料都会接受。喜好挖掘底砂。繁殖时亲鱼将卵产在平滑的石块上，一次可产卵 250~300 粒，亲鱼会轮流照顾下一代。

　　注意事项： 有领域性，平时性情温和，繁殖期变得较为暴躁。

花凤凰鱼 （**马氏柳絮鲷**）慈鲷科

花凤凰鱼

观赏指数：★★★
饲养难度：★★
市场价位：中
身长：可达 13 厘米

　　饲养要诀： 饲养水温 24~29℃，适于 pH8.8~9.3 的碱性水。可食活饵及人工饵料。繁殖时会找一处隐蔽的洞穴，将卵产于洞穴中，幼鱼一孵出便具有相当大的个体。亲鱼有护卵并保护仔鱼的习性，每次产卵 100~130 粒。

七彩番王鱼 （玻利维亚凤凰鱼）慈鲷科

观赏指数：★★★★

饲养难度：★

市场价位：低

身长：可达 9~10 厘米

　　饲养要诀：饲养、繁殖方法与七彩凤凰鱼相同，雌鱼每次产卵 200~400 粒。

七彩番王鱼

非洲凤凰鱼 （**纵带黑丽鱼、黄线鲷**）慈鲷科

观赏指数：★ ★ ★ ★

饲养难度：★

市场价位：低

身长：可达 15 厘米

　　饲养要诀：饲养水温 20~28℃，喜弱碱性硬水。草食性。繁殖容易，属口孵鱼类。繁殖水温 28℃，每次产卵约百粒。

　　注意事项：性格粗暴，不能与其他鱼相处。雄鱼应与成群雌鱼一起饲养。

非洲凤凰鱼（雄鱼）

非洲凤凰鱼（雌鱼）

黄金雀鱼 慈鲷科

观赏指数：★★★★

饲养难度：★★

市场价位：低

身长：可达 12 厘米

黄金雀鱼

黄金雀鱼（白雪公主）

黄金雀鱼（白马王子）

　　饲养要诀：饲养水温 23~28℃，喜弱碱性水质。杂食性，饵料有水蚤、水蚯蚓、红虫等。属口孵鱼类，雌鱼母性极强，幼鱼受惊时会直接游入雌鱼口中。雌鱼每次产卵 40~60 粒。

　　注意事项：最好是同产地的几种非洲慈鲷科鱼一起混养。

非洲金王子鱼 （约翰黑色鲷）慈鲷科

非洲金王子鱼

观赏指数：	★ ★ ★ ★
饲养难度：	★
市场价位：	低
身长：	可达 13 厘米

　　饲养要诀： 对水质不挑剔，饲养水温 22~26℃。杂食性，在原栖息地以浮游生物及藻类为主食，在水族箱可喂人工颗粒饵料。仔鱼可喂刚孵化的丰年虾。雌鱼含卵孵化。

　　注意事项：最好同产地的几种非洲慈鲷科鱼混养。

黄帝鱼 （黄孔雀鲷）慈鲷科

黄帝鱼

观赏指数：	★ ★ ★ ★ ★
饲养难度：	★ ★
市场价位：	低
身长：	可达 15 厘米

　　饲养要诀：饲养可从幼鱼开始。饲养水温 23~28℃，对水质要求不严，喜弱碱性硬水。较易繁殖，属口孵性鱼。每次产卵 20~50 粒，由雌鱼含在口中孵育，2 个星期左右小鱼能自由游动，可喂刚孵化的丰年虾。

　　注意事项：最好同产地的几种非洲慈鲷科鱼混养。

新黄金彩电鱼 （花小丑鱼）慈鲷科

观赏指数：★★★★
饲养难度：★★
市场价位：低
身长：可达 16 厘米

新黄金彩电鱼

饲养要诀： 饲养水温 23~28℃，对水质要求不严，喜弱碱性硬水。草食性，喜食石头上的青苔。较易繁殖，属口孵性鱼。

注意事项： 具有多样化的体形及体色，是非常普及的鱼种。对同类和其他颜色相似的鱼都相当友好，最好同产地的几种非洲慈鲷科鱼混养。

黄肚天使鱼 （孔原黑丽鱼）慈鲷科

观赏指数：★★★★★
饲养难度：★★
市场价位：低
身长：可达 15 厘米

黄肚天使鱼

饲养要诀： 饲养水温 23~26℃，喜弱碱性硬水。以附着于水草上的藻类及微生物为主食。雌鱼每次产卵 30~50 粒。

注意事项： 性情温和，是一种非常受欢迎的鱼种。可与其他慈鲷科鱼混养。

黄金闪电鱼 慈鲷科

观赏指数：★ ★ ★ ★

饲养难度：★

市场价位：低

身长：可达 10 厘米

黄金闪电鱼

饲养要诀：小型非洲慈鲷，饲养方法与非洲金王子鱼相同。可喂人工饵料。雄性具有本属鱼典型的洞穴筑巢行为，由雌鱼含卵孵化，约两星期后即可孵出仔鱼。

注意事项：最好同产地的几种非洲慈鲷科鱼混养。

红肚火口鱼 （米氏丽体鱼、火口鱼）慈鲷科

观赏指数：★ ★ ★ ★ ★

饲养难度：★

市场价位：低

身长：可达 15 厘米

红肚火口鱼

饲养要诀：身体强健，对水质要求不严，喜中性水，饲养水温 22~28℃。繁殖水温 25℃。属花盆卵生鱼类，亲鱼有护巢行为，雌鱼每次产卵 400~1000 粒，经 48 小时孵出仔鱼。

注意事项：性情暴躁，具有很强的领域性，会攻击其他鱼，最好养在水草繁茂的水族箱中。

珍珠龙王鲷 慈鲷科

珍珠龙王鲷

观赏指数：★★★★

饲养难度：★★

市场价位：中

身长：可达 18 厘米

饲养要诀：此鱼非常有特色，食性以附着的藻类为食，因此不宜喂动物性饵料，可以用煮熟的菠菜来喂，或直接喂藻类。其他饲养方法与花凤凰鱼相同。

注意事项：性情粗暴，成鱼争斗激烈，幼鱼亦如此，难以和平共存，宜单独饲养在布满岩石的大型水族箱中。

七彩天使鱼 慈鲷科

七彩天使鱼

观赏指数：★★★★★

饲养难度：★★

市场价位：中

身长：可达 12 厘米

饲养要诀：饲养水温 24~28℃，喜弱碱性硬水。可喂食人工饵料。成熟的雄鱼臀鳍有卵斑，这在繁殖上有特殊的作用。雄鱼利用卵斑引诱雌鱼到达产卵处。雌鱼产下卵后，即将鱼卵一一衔入口中，雄鱼摆出特殊的姿势，使臀鳍上的卵斑始终映在雌鱼的眼中。雌鱼在衔鱼卵的同时，也会追衔那些雄鱼臀鳍上的假卵斑，而将雄鱼射出的精液吞入口中，由此达到鱼卵受精的目的。雌鱼每次产卵 60~100 粒。

注意事项：最好同产地的几种非洲慈鲷科鱼混养。

黄肚蓝闪电天使鱼 慈鲷科

观赏指数：★ ★ ★ ★ ★

饲养难度：★

市场价位：低

身长：可达 12 厘米

黄肚蓝闪电天使鱼

　　饲养要诀：由于进口数量较多，繁殖容易，所以十分普及。饲养和繁殖方法与非洲金王子鱼相同。

　　注意事项：由于栖息地不同，其色彩也有差异。最好同产地的几种非洲慈鲷科鱼混养。

白翅天使鱼 慈鲷科

观赏指数：★ ★ ★ ★ ★

饲养难度：★

市场价位：低

身长：可达 15 厘米

白翅天使鱼

　　饲养要诀：饲养和繁殖方法与非洲金王子鱼相同。

　　注意事项：性情温和，可与其他慈鲷科鱼混养。

紫水晶鱼 慈鲷科

紫水晶鱼

观赏指数：★ ★ ★ ★ ★
饲养难度：★ ★
市场价位：低
身长：可达 15 厘米

饲养要诀： 饲养和繁殖方法与非洲金王子鱼相同。

注意事项： 性情温和，可与其他慈鲷科鱼混养。

白边燕尾鱼 （**布氏新灿鲷**）慈鲷科

白边燕尾鱼

观赏指数：★ ★ ★ ★ ★
饲养难度：★
市场价位：低
身长：可达 9 厘米

饲养要诀： 选用大型水族箱，并且种上水草，以营造一个宽敞、安静的环境。饲养水温 22~26℃，喜弱碱性的水质。可喂慈鲷专用饵料、活饵和植物。繁殖水温 27~28℃。

注意事项： 性格比较温和，但是非常容易受惊，混养的时候需要选择与体型大小差不多的鱼一起混养。

玻璃鲶鱼 （**玻璃猫鱼**）鲶科

观赏指数：★★★★

饲养难度：★★

市场价位：中

身长：可达 8 厘米

玻璃鲶鱼

　　饲养要诀：性情温和，胆子较小，喜群游。饲养水温 22~28℃，喜弱酸性软水。肉食性，饵料有水蚤、水蚯蚓、红虫等。

　　注意事项：因其游泳力较弱，所以不要与游泳力强的鱼混养。

花鼠鱼 （胡椒鼠鱼）鲶科

观赏指数：★ ★ ★

饲养难度：★

市场价位：低

身长：可达 7 厘米

花鼠鱼（白化）

花鼠鱼

　　饲养要诀：性情温和，栖息于水族箱底层。饲养水温 18~28℃，喜弱酸性至中性水质。杂食性，有清扫水族箱的作用。

倒游鼠鱼 （反游猫鱼）鲶科

倒游鼠鱼

观赏指数：★★★★

饲养难度：★

市场价位：中

身长：可达 8~10 厘米

　　饲养要诀：性情温和，可与别的鱼类混养。白天常躲藏于水草或岩缝间，夜间外出活动，特别活跃。对水的适应能力极强，喜弱酸性或中性水质，饲养水温22~28℃。对食物要求不严，喜食动物性饵料。

　　注意事项：喜欢倒游，不是生病的表现。

豹斑脂鲶鱼 （美国花猫鱼）鲶科

豹斑脂鲶鱼

观赏指数：★★★

饲养难度：★★★

市场价位：中

身长：可达 12 厘米

　　饲养要诀：生性活泼，喜阴暗，白天多隐蔽于阴暗处，夜间活动觅食。饲养水温在 26℃以上为好，喜弱酸性旧水。喜食活饵，可食红线虫、水蚯蚓等。

　　注意事项：捕捞时要非常小心，很容易在捕捞时受伤死亡，也易患白点病。

豹纹猫鱼 （羽鳍歧须鮠鱼）鲇科

豹纹猫鱼

观赏指数：★ ★ ★
饲养难度：★
市场价位：中
身长：可达 15 厘米

  饲养要诀：饲养水温 22~28℃。喜食活饵，可食红线虫、水蚯蚓等。生性活泼，喜阴暗，白天多隐蔽于阴暗处，夜间活动觅食。

咖啡鼠鱼 （青铜甲鲶鱼）鲇科

咖啡鼠鱼

观赏指数：★ ★
饲养难度：★
市场价位：低
身长：可达 6 厘米

  饲养要诀：饲养水温 22~26℃，喜中性水质。杂食性。
  注意事项：性情温和，是极好的混养品种，也可作为水族箱的"清道夫"。

珍珠丝足鲈鱼 攀鲈科

观赏指数：★★★★

饲养难度：★

市场价位：低

身长：可达 11 厘米

珍珠丝足鲈鱼

饲养要诀：习性温和，常栖息于水草丛中。对水质要求不高，喜欢弱酸性的水质，饲养水温 24~27℃。杂食性，对食物不挑剔。繁殖较容易，繁殖水温 26~27℃，亲鱼性成熟需 6 个月。属泡沫卵生鱼类，雌鱼每次产卵 500~1000 粒，鱼卵经 2 天孵化。仔鱼吃亲鱼吐出的泡沫及卵黄，直到会自行觅食为止。

蓝曼龙鱼 （蓝三星鱼）攀鲈科

观赏指数：★★★★★

饲养难度：★

市场价位：低

身长：可达 12 厘米

蓝曼龙鱼

蓝曼龙鱼（金色）

　　饲养要诀：性情温和。对水质要求不高，喜弱酸性水质，饲养水温 22~27℃。肉食性，饵料有鱼虫、水蚯蚓等。繁殖水温 26~27℃。属泡沫卵生鱼类，雌鱼每次产卵 500 粒左右，鱼卵经 36 小时孵化。幼鱼悬浮于泡沫巢下，一游出就会摄食，可喂丝毛虫。

厚唇丝足鲈鱼 （**厚唇丽丽鱼**）攀鲈科

观赏指数：★★★★★

饲养难度：★

市场价位：低

身长：可达 8 厘米。

饲养要诀： 饲养水温 22~28℃ ，对水质要求不严。杂食性，喜食活饵，也吃人工饵料。易繁殖。繁殖期雄鱼变成深巧克力褐色，在一个漂浮的气泡巢中，雌鱼每次产卵约 600 粒。

注意事项： 饲养时水族箱要多种植水草。

厚唇丝足鲈鱼

电光丽丽鱼 攀鲈科

电光丽丽鱼

电光丽丽鱼（绿色）

观赏指数：★★★★★
饲养难度：★
市场价位：低
身长：可达 5 厘米

饲养要诀：性情温和。饲养水温 21~25℃，喜弱酸性或中性水质。杂食性，饵料有鱼虫、水蚯蚓及人工饵料等。繁殖比较容易，繁殖水温 25℃左右。属泡沫卵生鱼类，雌鱼每次产卵约 600 粒。产完卵后雄鱼会与雌鱼争斗，故要将雌鱼捞出。雄鱼有很强的护卵习性。

注意事项：饲养时水族箱要多种植水草。

电光丽丽鱼（红色）

泰国斗鱼（**泰国彩雀鱼**）攀鲈科

泰国斗鱼（紫色）

观赏指数：★ ★ ★ ★ ★
饲养难度：★
市场价位：低
身长：可达6厘米

泰国斗鱼（蓝色）

　　饲养要诀：饲养水温18~28℃，喜弱酸性或中性水质。繁殖时雄鱼会浮出水面吹泡，做成泡沫巢，再引诱雌鱼到此产卵。卵为沉性，雄鱼会将卵含在口中，再吹入泡沫巢，照顾卵和幼鱼的工作由雄鱼完成。

　　注意事项：雄鱼有很强的攻击性，因此每只鱼缸只能放养一尾雄鱼。

纹鳍彩虹鱼 黑线鱼科

观赏指数：★★★★

饲养难度：★

市场价位：低

身长：可达 5 厘米

纹鳍彩虹鱼

　　饲养要诀：饲养水温 25~28℃，喜弱酸性或中性的软水。肉食性，饵料以小型鱼虫为主。在产卵期，亲鱼会将卵产在植物丛中或人造卵巢（尼龙绳）里。鱼卵应单独孵化。

　　注意事项：应小群饲养。

霓虹燕子鱼 黑线鱼科

观赏指数：★★★★★

饲养难度：★

市场价位：低

身长：可达 6 厘米

霓虹燕子鱼

　　饲养要诀：饲养水温 25~27℃，喜弱酸性水质，多饲养在水草繁盛的水族箱中。饵料以鱼虫为主。繁殖期有领地性。

　　注意事项：性格十分温和，适宜与其他习性温和的中小型热带鱼混合饲养。最好集群饲养。

红苹果鱼 （红彩虹鱼）黑线鱼科

观赏指数：★ ★ ★ ★ ★

饲养难度：★ ★

市场价位：低

身长：可达 15 厘米

红苹果鱼

红苹果鱼

　　饲养要诀：性情温和，喜群游。饲养水温 21~31℃，能承受低水温，喜弱碱性而带盐分的水质。生长迅速。杂食性，喜食浮游动物，也食人工饵料。繁殖容易，属卵生鱼类。繁殖水温 27~28℃，繁殖箱底部铺以细砂、种植水草。将亲鱼放入生长着茂盛的细叶水草的水族箱中，产卵过程可连续几天，受精卵黏附于水草叶片上。亲鱼有吞食鱼卵的习性，产完卵后将亲鱼捞出。鱼卵在 25℃的水温下 10 天孵出。

　　注意事项：最好与同科的其他彩虹鱼混合饲养。

湖彩虹鱼 黑线鱼科

观赏指数：★★★★

饲养难度：★★

市场价位：低

身长：可达 10 厘米

湖彩虹鱼

饲养要诀：性情温和，体质强健，喜群游，饲养、繁殖方法和其他彩虹鱼相同。

注意事项：最好与同科的其他彩虹鱼混合饲养。

伯氏彩虹鱼 黑线鱼科

观赏指数：★★★★★

饲养难度：★★

市场价位：低

身长：可达 10 厘米

伯氏彩虹鱼

饲养要诀：饲养水温 21~31℃，喜欢含一定碱性的硬水，杂食性，喜食浮游动物，也食人工饵料。饲养、繁殖方法和其他彩虹鱼相同。

注意事项：最好与同科的其他彩虹鱼混合饲养。

东方彩虹鱼 黑线鱼科

东方彩虹鱼

观赏指数：	★★★★★
饲养难度：	★★
市场价位：	低
身长：	可达 12 厘米

　　饲养要诀： 饲养水温 21~31℃，能承受低水温，喜弱碱性而带盐分的水质，生长迅速。杂食性，喜食浮游动物，也食人工饵料。

　　注意事项： 性情活泼，喜跳跃，需要较大的游动空间。

棋盘彩虹鱼 黑线鱼科

棋盘彩虹鱼

观赏指数：	★★★★
饲养难度：	★
市场价位：	低
身长：	可达 12 厘米

　　饲养要诀： 饲养、繁殖方法和其他彩虹鱼相同。

　　注意事项： 生性活跃，需要相当大的生活空间。

赫氏彩虹鱼 黑线鱼科

观赏指数：★★★★★
饲养难度：★
市场价位：低
身长：可达9厘米

赫氏彩虹鱼

　　饲养要诀：习性与伯氏彩虹鱼相同，饲养、繁殖方法也相同。
　　注意事项：最好与同科的其他彩虹鱼混合饲养。

彩虹美人鱼 黑线鱼科

观赏指数：★★★★★
饲养难度：★
市场价位：低
身长：可达6~7厘米

彩虹美人鱼

　　饲养要诀：饲养水温22~27℃。杂食性，喜食浮游动物，也食人工饲料。饲养、繁殖方法和其他彩虹鱼相同。

红鳍蓝彩虹鱼 黑线鱼科

红鳍蓝彩虹鱼

观赏指数：	★★★★★
饲养难度：	★
市场价位：	低
身长：	可达 6 厘米

饲养要诀： 饲养、繁殖方法和其他彩虹鱼相同。

绿河鲀鱼 鲀科

绿河鲀鱼

观赏指数：	★★★★
饲养难度：	★★★
市场价位：	低
身长：	可达 8~15 厘米

饲养要诀： 饲养水温 21~27 ℃，只能在弱碱性或碱性水中生活，如果对入 1/4~1/2 的人工海水，可将其养至 15 厘米长的大型成鱼。杂食性，可喂活饵及植物性饵料。

注意事项： 性情粗暴、残忍，常常凶狠地攻击其他鱼类和吞噬小鱼。

弓斑东方鲀鱼 鲀科

弓斑东方鲀鱼

观赏指数：★★★★
饲养难度：★★★
市场价位：低
身长：可达 10~15 厘米

饲养要诀：近海底层肉食性鱼类，以贝类、甲壳类动物和小鱼为食。遇敌时吸气膨胀成球状，漂浮水面。饲养方法与绿河鲀鱼相似。

注意事项：性情粗暴，常常凶狠地攻击其他鱼类，吞噬小鱼，不适合混群饲养。

印度玻璃鱼 锯盖鱼科

印度玻璃鱼

观赏指数：★★★★
饲养难度：★★
市场价位：低
身长：可达 5~7 厘米

饲养要诀：低温低氧鱼，在 20~25℃水温中生活良好。在野外常常栖息在河口，水族箱中应放入少量的海盐，喜弱碱性老水。杂食性，喜食活饵。繁殖容易，雌鱼每次产卵量大，卵为浮性卵，经 1 天后孵化。仔鱼太小，成活率不高。

蝴蝶鱼　齿蝶鱼科

观赏指数：★★★★

饲养难度：★★

市场价位：中

身长：可达 10 厘米

蝴蝶鱼

　　饲养要诀：饲养时，水族箱的水只能盛半箱，要多植水草。此鱼常浮于水面。杂食性，以小鱼为食。繁殖时雄鱼把鱼卵含入口中孵化。如卵多，雌鱼也会分担口孵工作。卵经 30~40 天孵出仔鱼，仔鱼受惊时或晚上会进入亲鱼口中，得到保护，直到两星期后仔鱼才会自行生活，开始吃小虫。

　　注意事项：水族箱要加盖，以防受惊时跳出。

（二）中型热带淡水观赏鱼

中型热带淡水观赏鱼以慈鲷科鱼居多，其他科（如鲤科、脂鲤科、鲇科、攀鲈科等）鱼也有部分。中型鱼的特点是价格往往较小型鱼高些，其中还不乏有一些中高档品种。饲养时，须注意使用较大的水族箱。除慈鲷科外，其他科的中型鱼在混养时，混养界线往往较为模糊。有些中型鱼的幼鱼可与小型鱼一起混养，长大后才分开；有些性情温和的中型鱼长成后也可与小型鱼一起饲养；许多中型鱼也可与大型鱼饲养在一起。

慈鲷科鱼是中型鱼的代表，它们游姿优雅，色彩艳丽，种类繁多，大多分布于非洲和美洲。非洲慈鲷喜欢生活在弱碱性的硬水中，所以不能和适宜生活在其他水质中的鱼混养，最好是同产地的几种非洲慈鲷一起饲养，并且水族箱中不宜种植水草；美洲慈鲷（如七彩神仙鱼、金菠萝鱼、地图鱼等），它们与非洲慈鲷不同，可与其他科中的许多鱼混养，并且饲养非常容易。这些极具魅力和生机的慈鲷科鱼，一直受到人们的喜爱和推崇。

银鲨鱼 （黑鳍袋唇鱼）鲤科

观赏指数：★★★

饲养难度：★

市场价位：低

身长：可达 30 厘米

银鲨鱼

饲养要诀：饲养水温 22~26℃，对水质要求不高，容易饲养。杂食性，饵料以水蚯蚓、红虫等为主，也食人工颗粒饵料。

注意事项：幼鱼时，可与其他鱼混养；长大后由于体型较大，应独立饲养。生性好动，游泳迅速，有跳跃习性，能够跃出无盖的鱼缸，所以水族箱要加盖。

青苔鼠鱼（琵琶鱼）鲤科

青苔鼠鱼

观赏指数：	★★★★
饲养难度：	★
市场价位：	低
身长：	可达 25 厘米

青苔鼠鱼（白化）

饲养要诀：性情温顺，易饲养，为底栖性鱼类。草食性，除吃苔藻外，还吃蔬菜等，被人称为"清道夫"。饲养水温 23~28℃，对水质要求不严。繁殖时，将15 厘米长的亲鱼放入大水族箱中，亲鱼会将卵产于石头表面。

注意事项：幼鱼非常适合混养，但随着年龄的增长会变得有攻击性，须注意。

带纹鱼 （九间鱼）脂鲤科

观赏指数：★★★★
饲养难度：★
市场价位：低
身长：可达 30 厘米

带纹鱼

饲养要诀：性情温和，动作活泼灵敏。抗病力强，在任何水质中都可生长良好。饲养水温 22~28℃，可耐 18℃低温。杂食性，喜食水草、人工饵料及小鱼等。繁殖水温 26~28℃，鱼卵产在石板上或倒扣的水仙盆上，雌鱼每次产卵 200~300 粒。卵两天后孵出，小鱼很快就会觅食，成活率很高。

注意事项：跳跃力强，水族箱要加盖。喜食小鱼，故不宜与小型鱼混养。

黑黄兔吻脂鲤鱼 脂鲤科

观赏指数：★★★★
饲养难度：★
市场价位：低
身长：可达 22 厘米

黑黄兔吻脂鲤鱼

饲养要诀：饲养水温 22~28℃，对水温要求不高，可耐 18℃低温。杂食性，喜食水草、人工饵料及小鱼等。繁殖方法与带纹鱼相同。

注意事项：性情温和，活泼敏捷。跳跃力强，水族箱要加盖。喜食小鱼，故不宜与小型鱼混养。

银小丑鱼（**褐色小丑鱼**）脂鲤科

银小丑鱼

观赏指数：★ ★ ★
饲养难度：★
市场价位：低
身长：可达 17 厘米

　　饲养要诀：性情温和的浅水鱼。饲养水温 24~28℃，喜弱酸性软水。草食性，极爱食水草和蔬菜的嫩叶。

　　注意事项：喜欢集群生活。

银鲳鱼 脂鲤科

银鲳鱼

观赏指数：★ ★ ★
饲养难度：★ ★
市场价位：低
身长：可达 20 厘米

　　饲养要诀：喜群游。繁殖水温 26~28℃，喜微酸性的软水。饲养水温 22~28℃，对水质要求不高。饵料以水蚯蚓、小鱼为主，也喜欢食水草。雌鱼每次产卵 500~3000 粒。

　　注意事项：银鲳鱼与食人鲳鱼虽形状极为相似，但习性完全不同，它性情善良温和，不攻击其他鱼类。

地图鱼 （猪仔鱼）慈鲷科

红白花地图鱼

橘黄地图鱼

观赏指数：★★★★★

饲养难度：★

市场价位：中

身长：可达 30 厘米

　　饲养要诀：饲养水温 22~26℃，对水质要求不高。肉食性，食量大，生长迅速。繁殖水温 27~29℃，亲鱼性成熟需 10~12 个月，喜欢在大石块、大瓦片上产卵，雌鱼每次产卵 1000~5000 粒。卵由雄鱼保护，经 2~3 天孵化。幼鱼 5~6 天后可自由游动、觅食，可喂小丰年虾。

　　注意事项：性情凶猛，喜吞食鱼虾，不可与其他鱼混养。

红花地图鱼

七彩神仙鱼 慈鲷科

观赏指数：	★ ★ ★ ★ ★
饲养难度：	★ ★ ★
市场价位：	中
身长：	可达 20 厘米

天子蓝七彩神仙鱼

魔鬼七彩神仙鱼

饲养要诀： 饲养水温 25~27℃，喜弱酸性软水。杂食性，以小鱼、小虾及植物的叶子、种子为食。繁殖水温 29~30℃。鱼卵经 48 小时孵化，幼鱼初期只食亲鱼体表分泌的乳白色黏液，5 天后可喂小丰年虾。七彩神仙鱼幼鱼食量很大，一天要喂多餐。残饵要及时捞出，最好每天换水（换水也能刺激鱼的食欲）。

注意事项： 最好单独一种群养。

黄金蛇纹七彩神仙鱼

金色红七彩神仙鱼

蓝松石七彩神仙鱼

火鹤鱼（红魔鬼鱼）慈鲷科

观赏指数：★ ★ ★ ★

饲养难度：★

市场价位：中

身长：可达 20~30 厘米

火鹤鱼

　　饲养要诀：对水质要求不高，饲养水温 22~25℃。饵料有水蚯蚓、小鱼、小虾、肉块等。繁殖水温 27~28℃，亲鱼有护卵习性，喜欢在砂石中挖洞或搬砂做巢产卵，雌鱼每次产卵 1000~1500 粒。

　　注意事项：幼鱼性情温和，成鱼性情相当凶暴，领地观念极强，极富攻击性，不可与同种或其他鱼类混养。

金菠萝鱼（庄严丽体鱼）慈鲷科

观赏指数：★ ★ ★ ★

饲养难度：★

市场价位：低

身长：可达 20 厘米

金菠萝鱼

　　饲养要诀：性情安静温和，爱在水族箱底部游动。饲养水温 23~26℃，对水质要求不高，喜欢中性偏弱酸性水质。繁殖水温 28~29℃，亲鱼有护卵行为，雌鱼每次产卵 1000 粒左右，卵经 60 小时可孵出幼鱼。

　　注意事项：发情时性情变得暴躁，具攻击性，应单独饲养。

绿面皇冠鱼 慈鲷科

观赏指数：★ ★ ★ ★

饲养难度：★ ★

市场价位：低

身长：可达 22 厘米

绿面皇冠鱼

饲养要诀：饲养水温 24~26℃，喜弱酸性软水。杂食性，饵料有鱼虫、水蚯蚓、人工颗粒饵料等。游动的仔鱼可喂刚孵出的丰年虾。

注意事项：具攻击性，领域性较强，会形成核心家庭。

豆氏鲷 慈鲷科

观赏指数：★ ★ ★ ★

饲养难度：★ ★

市场价位：低

身长：可达 40 厘米

豆氏鲷

饲养要诀：饲养水温 22~26℃，对水质无严格要求。肉食性。体型较大，胃口也很大。需要良好的过滤设备，并且每周一次换掉大部分的水。

得州鲷 （**得州狮子头**）慈鲷科

得州鲷

观赏指数：	★★★★
饲养难度：	★★
市场价位：	中
身长：	可达 30 厘米

饲养要诀： 唯一分布于北美洲的慈鲷。饲养水温 22~28℃，喜中性或弱酸性水质。肉食性，饵料有水蚯蚓、红虫、小鱼、小虾等。繁殖比较容易，繁殖水温 27~28℃。喜藏在岩石及草丛中产卵，雌鱼每次产卵 400~500 粒，亲鱼有护卵习性。受精卵为黏性卵，卵 3 天后孵化。

注意事项： 性情凶暴，故不能与其他鱼混养。

马那瓜慈鲷 （**花老虎鱼**）慈鲷科

马那瓜慈鲷

观赏指数：	★★★★
饲养难度：	★★
市场价位：	中
身长：	可达 30 厘米

饲养要诀： 饲养水温 20~28℃，对水质无严格要求。肉食性，幼鱼喜食鱼虫、线虫等，大一些后就可吞食小鱼、小虾。卵生，亲鱼有护卵、护仔习性。刚孵出的仔鱼可喂小丰年虾。

注意事项： 体格健壮，好斗，故不适合与其他鱼混养。

蓝宝石鱼 （蓝玉凤凰鱼）慈鲷科

蓝宝石鱼

观赏指数：★★★★

饲养难度：★★

市场价位：低

身长：可达 16~20 厘米

饲养要诀：饲养水温 20℃以上，喜弱酸性或中性水。杂食性，喜食动物性饵料。繁殖较容易，繁殖期具攻击性。繁殖水温 25℃以上。亲鱼会配对形成双亲家庭，须在鱼缸底床铺砂，并摆置石头及沉木提供隐藏场所。属口孵性鱼，卵受精后亲鱼会将卵含入口中孵化。

注意事项：具领域性，会挖洞，但不破坏水草，攻击性也不强。

紫红火口鱼 慈鲷科

紫红火口鱼

观赏指数：★★★★

饲养难度：★★

市场价位：中

身长：可达 20~25 厘米

饲养要诀：饲养水温 22~25℃，喜中性至弱酸性水质。强健易养，饵料不挑。繁殖较易，繁殖水温 27~28℃。亲鱼有护卵习性，喜欢在砂石中挖洞或搬砂做巢产卵。

注意事项：市面上较少见，它是繁殖血鹦鹉的亲鱼之一。色彩变化大，一般雄鱼的前额较突出。紫红火口鱼性情凶悍，发情时异常凶猛，配对时须特别小心。

红珍珠关刀鱼 （钻石番王鱼）慈鲷科

观赏指数：★★★★★

饲养难度：★★

市场价位：低

身长：可达 25 厘米

红珍珠关刀鱼

　　饲养要诀：有挖砂和咬水草的习性。饲养水温 22~26℃，喜中性或微酸性的软水。饵料有水蚤、水蚯蚓、红虫等。繁殖水温 27~28℃。亲鱼将卵产于岩石上，而后将卵含于口中，2~3 天后孵化。卵孵出后亲鱼将会绝食，用口保护仔鱼，直到两星期后幼鱼能自由游动为止。

　　注意事项：具有领域性、排他性和攻击性，故不宜混养。

非洲六间鱼 慈鲷科

观赏指数：★★★★

饲养难度：★★

市场价位：低

身长：可达 35 厘米

非洲六间鱼

饲养要诀：对水质适应力强，喜弱碱性水，饲养水温 24~29℃。饵料以小鱼、小虾及冷冻饵料为主。成熟期长，但繁殖不难，雄鱼先将精液产于巢中，而雌鱼将卵产于精液上，并将受精卵含入口中孵化。雌鱼每次产卵可达数十粒。

注意事项：最好同产地的几种非洲慈鲷科鱼混养。

布氏鲷 （非洲十间鱼）慈鲷科

观赏指数：★★★

饲养难度：★★

市场价位：低

身长：可达 30 厘米

布氏鲷

饲养要诀：饲养水温 22~26℃，对水质不挑剔。饵料有水蚯蚓、小鱼、肉块等。成长快，须用大水族箱饲养。繁殖水温 28~29℃。属口孵卵生鱼类。亲鱼以大理石板或岩石作产巢，雌鱼每次产卵 1000~2000 粒。

注意事项：最好同产地的几种非洲慈鲷科鱼混养。

金豹凤凰鱼（大斑朴丽鱼）慈鲷科

观赏指数：★★★★

饲养难度：★

市场价位：低

身长：可达 25~30 厘米

金豹凤凰鱼

饲养要诀：饲养水温 24~26℃，适合弱碱性硬水。强健，容易饲养。繁殖水温 26~28℃，以口孵方式繁殖。

注意事项：虽然体型大，但性格温和。不过，毕竟属肉食性鱼类，故不可与小鱼混养，最好同产地的几种非洲慈鲷科鱼混养。

马面鱼 慈鲷科

观赏指数：★★★★★

饲养难度：★★

市场价位：低

身长：可达 26 厘米

马面鱼

饲养要诀：饲养水温 23~26℃，喜弱碱性硬水。肉食性，饵料有鱼虫、水蚯蚓等。现可人工繁殖。雌鱼选择一块平石作产卵场所，产下卵后即含入口中，然后让雄鱼受精。小鱼可喂刚孵出的丰年虾。

注意事项：现在还有白化品种，是非常受欢迎的鱼种。最好同产地的几种非洲慈鲷科鱼混养。

阿里鱼 （阿里单色鲷） 慈鲷科

阿里鱼

观赏指数：★★★★★
饲养难度：★★
市场价位：低
身长：可达 20 厘米

　　饲养要诀：饲养水温 22~26℃，喜弱碱性的硬水，可用珊瑚砂或贝壳砂作为底床。繁殖水温 26℃，属口孵鱼类，雌鱼每次产卵 30~60 粒。雌鱼产完卵后会将卵含入口中，不再进食，约 3 个星期后，幼鱼才从雌鱼口中游出。
　　注意事项：最好同产地的几种非洲慈鲷科鱼混养。

皇帝天使鱼 慈鲷科

皇帝天使鱼

观赏指数：★★★★★
饲养难度：★★
市场价位：中
身长：可达 30 厘米

　　饲养要诀：此鱼特长的吻部用于在砂中觅食。饲养、繁殖方法与阿里鱼相同。
　　注意事项：最好同产地的几种非洲慈鲷科鱼混养。

蓝摩利鱼 慈鲷科

蓝摩利鱼

观赏指数：	★★★★★
饲养难度：	★★
市场价位：	低
身长：	可达 20 厘米

饲养要诀：饲养、繁殖方法与阿里鱼相同。

注意事项：最好同产地的几种非洲慈鲷科鱼混养。

老虎慈鲷 慈鲷科

老虎慈鲷

观赏指数：	★★★★
饲养难度：	★★
市场价位：	低
身长：	可达 30 厘米

饲养要诀：饲养水温 22~28℃，喜弱酸性至中性软水。在底砂中觅食、吃水草，属杂食性鱼类。如果使用生物过滤系统，则应采用砾石网罩。如其腹部凹陷，并非不健康之故。可食人工饵料。

注意事项：性情温和，但有较强的领地观念，须用大型水族箱饲养。可与其他大型鱼类混养。

血艳红鱼 慈鲷科

血艳红鱼

观赏指数：★★★★★
饲养难度：★★
市场价位：低
身长：可达 20 厘米以上

饲养要诀：饲养、繁殖方法与阿里鱼相同。

注意事项：最好同产地的几种非洲慈鲷科鱼混养。

维纳斯鱼 慈鲷科

维纳斯鱼

观赏指数：★★★★★
饲养难度：★★
市场价位：低
身长：可达 22 厘米

饲养要诀：饲养、繁殖方法与其他马拉维湖慈鲷相同。

注意事项：最好同产地的几种非洲慈鲷科鱼混养。

金钱鱼 （金鼓鱼、太阳鱼）金钱鱼科

观赏指数：★★★★

饲养难度：★★★

市场价位：低

身长：可达 30 厘米

金钱鱼

　　饲养要诀：饲养水温 22~28℃，宜用弱碱性硬水，要注意经常换水。此鱼为浅海沿岸礁区鱼，虽能在淡水中饲养，但最好稍加一些盐。杂食性，喜吃鱼缸中的水草。但在水族箱中很难繁殖。

　　注意事项：其背鳍各硬棘都会分泌毒液，人被刺后会阵阵酸痛，须加小心。

银钱鱼 （银鼓鱼）金钱鱼科

观赏指数：★★★★

饲养难度：★★

市场价位：低

身长：可达 20~30 厘米

银钱鱼

　　饲养要诀：银钱鱼要比金钱鱼容易饲养，成长速度也更快，所以很受欢迎。其习性及饲养方法与金钱鱼基本相同。

　　注意事项：背鳍前的硬棘条有毒，捕捉时要小心。

帝王艳红鱼 慈鲷科

观赏指数：★★★★★

饲养难度：★★

市场价位：低

身长：可达 18 厘米

帝王艳红鱼

饲养要诀：饲养、繁殖方法与其他马拉维湖慈鲷相同。

注意事项：雄鱼性情非常暴躁，常将与其配对的雌鱼杀死。

接吻鱼 （钉口鱼、吻嘴鱼） 攀鲈科

观赏指数：★ ★ ★ ★

饲养难度：★

市场价位：低

身长：可达 20 厘米

接吻鱼

饲养要诀：身体健壮，性情温和，生长迅速，容易饲养。饲养水温 22~26℃，对水质要求不高。杂食性，饵料有鱼虫、红虫、水蚯蚓、藻类、青苔等。嘴里长有像刀一样的细小牙齿，用于刮食苔类。繁殖容易，产卵时并不做泡沫巢，卵为浮性，琥珀色。雌鱼每次产卵 1000 粒以上。

注意事项：群体饲养时，两尾鱼为争夺领地，会出现有趣的"接吻"动作。

三间鼠鱼 （丑鳅鱼）泥鳅科

观赏指数：★★★★★
饲养难度：★★
市场价位：低
身长：可达30厘米

三间鼠鱼

饲养要诀：适应性强，体质强健，行动敏捷。饲养水温23~28℃，对水质要求不高，喜弱酸性或中性水质。肉食性，饵料以鱼虫和小鱼为主。

注意事项：胆子较小，爱躲藏于水草丛中或砖瓦下，应避免与凶猛的鱼混养。

蝙蝠鲳鱼 大眼鲳科

观赏指数：★★★
饲养难度：★★★
市场价位：低
身长：可达20厘米

饲养要诀：饲养水温21~28℃，喜弱碱性稍带盐分的水质，饲养时每1升水加5克的海盐。喜食活饵。繁殖水温27~28℃，雌鱼每次产卵（浮性卵）500~1000粒。产卵后应将亲鱼捞出。

注意事项：性情胆怯，宜饲养于植有水草的大型水族箱中。

蝙蝠鲳鱼

黄鳍鲳鱼　大眼鲳科

黄鳍鲳鱼

观赏指数：★★★★

饲养难度：★★★

市场价位：低

身长：可达 23 厘米

饲养要诀：饲养水温 20~28℃，喜弱碱性硬水。水使用过久不换而变为弱酸性时，此鱼情绪不安定，体色渐变灰暗。此时如不及时换水，则会造成鳍尖变白并破裂后脱落，终至死亡。遇此情况，须加入 30% 以上的海水。喜食活饵。

注意事项：最好群体饲养在略含盐分的大鱼缸中。同族间会争斗，会攻击小型鱼，对其他鱼类却较温和。

射水鱼　（**高射炮鱼**）射水鱼科

射水鱼

观赏指数：★★★★

饲养难度：★★

市场价位：低

身长：可达 25 厘米

饲养要诀：饲养水温 23~30℃，喜弱碱性硬水。射水鱼生活在河口地区，属咸淡水鱼类，饲养时应在水中放些盐。肉食性，喜食各种昆虫，也食人工饵料。雌鱼产浮性卵，每次产卵 3000 粒左右，但容易被亲鱼吃掉。在水族箱中繁殖较为困难。

注意事项：有射水的习性，故水族箱需要加盖。

象鼻鱼 （鹳嘴长颌鱼、长鼻象鼻鱼）长颌鱼科

观赏指数：★ ★ ★ ★

饲养难度：★

市场价位：低

身长：可达 23 厘米

象鼻鱼

　　饲养要诀：饲养水温 22~26℃，喜中性水质。肉食性，饵料有水蚯蚓、红虫等动物性饵料。在水族箱中无法繁殖。

　　注意事项：属夜行性鱼类，同类之间会互相攻击。水族箱要大，应该提供石头、流木等作为它的隐蔽场所，且灯光要暗。不可与其他鱼混养。

火刺鳅鱼 （虎鳗鱼）刺鳅科

观赏指数：★ ★ ★ ★

饲养难度：★ ★ ★

市场价位：高

身长：可达 20 厘米

火刺鳅鱼

　　饲养要诀：饲养水温 24~26℃。肉食性，以小鱼、小虾为食。喜栖息于水层底部。

　　注意事项：观赏鱼中的珍品，但绝不能与小型鱼类混合饲养。

（三）大型热带淡水观赏鱼

大型热带淡水观赏鱼较少，其中以鲶科鱼居多，此外还有一些体形怪异、习性奇特的古代鱼和大型鱼。它们虽然数量和种类不多，但却被人们普遍饲养，是淡水观赏鱼中十分重要的品种。其实，它们中有许多种并不能称为真正的热带淡水观赏鱼。大型热带淡水观赏鱼中，最著名、最具代表性，且具有极高观赏价值的就数龙鱼了，此外雀鳝鱼、弓背鱼、多鳍鱼等也颇受欢迎。这些鱼大多对水质、水温的要求较高，繁殖都较为困难。

大型热带淡水观赏鱼的价格往往较高，大多属于中高档鱼。它们体型庞大，饲养时需要为其配置大型水族箱，平时对它们的照料也需要付出较多的精力；所需的饵料也较多，饲养成本较高。不过，一些大型热带淡水观赏鱼较为聪明，会与饲养者建立一定的感情，让饲养者得到感情上的回报。

泰国老虎鱼 （**虎鱼**）松鲷科

观赏指数：	★ ★ ★ ★
饲养难度：	★
市场价位：	中
身长：	可达 60 厘米

泰国老虎鱼

饲养要诀：饲养水温 23~26℃，喜弱酸性至中性水质。肉食性。

注意事项：不要与小型鱼混养，对大小差不多的鱼则温和可亲。适合饲养于水草繁茂并有隐蔽处的水族箱。

双斑缅鲶鱼 鲶科

观赏指数：★ ★ ★

饲养难度：★ ★

市场价位：低

身长：可达 46 厘米

双斑缅鲶鱼（蓝色）

双斑缅鲶鱼（红色）

双斑缅鲶鱼

饲养要诀：性情温和，易饲养。饲养水温 22~28℃。肉食性，饵料有水蚤、水蚯蚓、红虫等。

注意事项：喜群游，游泳力弱，不要与游泳力强的鱼混养。

琵琶鼠鱼 （清道夫鱼）鲶科

琵琶鼠鱼

观赏指数：	★ ★ ★
饲养难度：	★
市场价位：	低
身长：	可达 30~60 厘米

琵琶鼠鱼（金色）

　　饲养要诀：白天隐藏于水底阴暗处，夜间出来觅食，非常活跃。饲养水温22~28℃，喜中性水质。杂食性，任何饵料均能接受，最爱吃石头上的附着性藻类。

　　注意事项：幼鱼温和，成鱼较粗暴。饲养时应注意，成鱼会吞食其他小鱼，应避免与小型鱼混养。

黄翅黄珍珠异型鱼 甲鲶科

黄翅黄珍珠异型鱼

观赏指数：★ ★ ★ ★ ★

饲养难度：★ ★

市场价位：低

身长：可达 35 厘米

饲养要诀：最受欢迎的观赏鱼之一，价格低廉，但饲养未必容易。饲养水温 26~30℃，喜欢中性软水。可以喂食解冻的鱼食和植物。繁殖期会在池底挖掘，在洞穴中产卵，须在这些洞穴附近放置些气石，以保持水的流动，为亲鱼提供丰富的氧气。幼鱼生长缓慢，6 个月才能长至 5 厘米长。

注意事项：在领地中有攻击性。

蓝眼隆头鲶鱼 甲鲶科

蓝眼隆头鲶鱼

观赏指数：★ ★ ★ ★

饲养难度：★

市场价位：中

身长：可达 28 厘米

饲养要诀：体格健壮，适应能力强，饲养容易。饲养水温 20℃以上，喜欢弱酸性软水。草食性，需要大量的植物作为食物，经常吸附在水族箱壁或水草上舔食青苔。繁殖方法不详。

注意事项：同种间有时会发生争斗，可与大型鱼混养。

隆头鲶鱼 （**皇冠豹鱼**）鲶科

观赏指数：	★ ★ ★ ★
饲养难度：	★ ★
市场价位：	高
身长：	可达 30 厘米以上

隆头鲶鱼

　　饲养要诀： 饲养水温 22~26℃，喜弱酸性软水。以植物性饵料为主，也可喂人工专用饵料。

　　注意事项： 注入新水时要特别小心，不能全用新水，否则鱼会死亡。性情较为粗暴，不能与性情温和的鱼混养。

帆鳍鲶鱼 鲶科

观赏指数：	★ ★ ★ ★
饲养难度：	★
市场价位：	低
身长：	可达 50 厘米

帆鳍鲶鱼

　　饲养要诀： 饲养水温 25~28℃，喜中性水质。杂食性，任何饵料均能接受。

　　注意事项： 生长很快，性情凶猛，避免与小型鱼混养。

蓝鲨鱼 （**虎鲨鱼**）鲶科

观赏指数：★ ★ ★

饲养难度：★

市场价位：低

身长：可达 60 厘米

蓝鲨鱼

蓝鲨鱼（白化）

饲养要诀：饲养水温 20℃以上，对水质要求不高，喜中性水。饵料以动物性饵料为主，食量大。

注意事项：看似凶恶，其实很温和，从不"欺负"小鱼，是理想的混养品种，可与大型凶猛鱼类同饲一箱。

铁铲鲶鱼（**黑白鸭嘴鱼**）鲶科

观赏指数：★★★

饲养难度：★★

市场价位：中

身长：可达 60 厘米

铁铲鲶鱼

饲养要诀： 夜行性鱼类，行动缓慢，性情较为凶猛。在成长过程中会蜕皮，这是该鱼的一大特点。饲养水温 22~28℃，水质为弱酸性的软水。杂食性。在水族箱中很难繁殖。

注意事项： 喜食小鱼，故不能与温和鱼类及小型鱼混养。

红尾鲶鱼 （红尾鸭嘴鱼）鲶科

红尾鲶鱼

观赏指数：★★★★
饲养难度：★
市场价位：中
身长：可达 100 厘米以上

饲养要诀：杂食性，主要食物是活的或死的鱼类和其他肉类。虽然会吃小鱼，但性情却很温和。饲养水温 22~28℃，喜弱酸性软水。

注意事项：生长迅速，水族箱很快就会显得过小，无法容下它。

铲鼻虎鲶鱼 （虎鲶鱼）鲶科

铲鼻虎鲶鱼

观赏指数：★★★★
饲养难度：★
市场价位：中
身长：可达 100 厘米左右

饲养要诀：喜欢微暗的环境，多居于岩洞。夜间外出觅食，肉食性，食量大，以小鱼、肉块为食。饲养水温 22~28℃，喜弱酸性或中性水质。

注意事项：生长迅速，应养在大的水族箱中，可与大型鱼类混养。

丝足鲈鱼 （**大飞船鱼**）攀鲈科

丝足鲈鱼

观赏指数：	★ ★ ★ ★
饲养难度：	★
市场价位：	低
身长：	可达 70 厘米

  饲养要诀：饲养水温 22~26℃，对水质要求不严。草食性，要提供大量的绿色食物。繁殖水温 26~27℃。属泡沫卵生鱼类，雌鱼每次产卵 500~1000 粒，雄鱼照顾卵和幼鱼。

  注意事项：有金黄色人工培育品种，名为"黄金战船"，全身金黄色，眼睛金黄色，非常壮观美丽。幼鱼温和，长至 10 厘米长后渐具攻击性，不要与小型鱼混养。

星点澳洲龙鱼 骨舌鱼科

星点澳洲龙鱼

观赏指数：	★ ★ ★ ★ ★
饲养难度：	★ ★
市场价位：	高
身长：	可达 50~70 厘米

  饲养要诀：对水质的适应能力强，易饲养。饲养水温 22~28℃。

  注意事项：性情凶猛，能咬伤比它大许多的猛鱼，并常打架致伤，须比饲养其他龙鱼更加注意，应该单独饲养。

银龙鱼（银带鱼）骨舌鱼科

银龙鱼

观赏指数：★★★★
饲养难度：★★
市场价位：中
身长：可达 100 厘米

饲养要诀：体格强健，生长迅速，一年可由幼鱼长至 60 厘米长。饲养水温 23~28℃，喜弱酸性软水。主要以动物性饵料为食。繁殖水温 27~28℃，属口孵卵生鱼，雌雄鱼会共同保护鱼卵及幼鱼。雌鱼每次产卵达数百粒。鱼卵很大，幼鱼靠卵囊提供营养，长到 6~7 厘米长时才会摄食。

注意事项：性情凶猛，能吞食小型鱼类，故不宜与其他鱼混养。喜跳跃，水族箱要加盖，并且要用大的水族箱。箱中不宜铺底砂和装饰物，也不宜种植水草。

金龙鱼 骨舌鱼科

金龙鱼

观赏指数：★★★★★
饲养难度：★★★
市场价位：高
身长：可达 60 厘米以上

饲养要诀：饲养水温 23~28℃，喜微酸性软水。饵料有小鱼、肉块、水蚯蚓等，水质要求保持澄清。幼鱼性成熟需 5~6 年。属口孵卵生鱼类，雌鱼每次产卵达数百粒。

注意事项：与其他龙鱼相同。

红龙鱼 骨舌鱼科

观赏指数：★★★★★

饲养难度：★★★★

市场价位：极高

身长：可达 60 厘米以上

红龙鱼

　　饲养要诀：保持水质清新，饲养方法与金龙鱼相同。在人工饲养环境下无法繁殖，故数量极为稀少。

　　注意事项：与其他龙鱼相同。

弓背鱼 （斑鹿弓背鱼）弓背鱼科

观赏指数：★★★★

饲养难度：★★

市场价位：低

身长：可达 90 厘米

弓背鱼

饲养要诀：属夜行性鱼类，多在夜间游动、觅食。性情温和，体质强健。饲养水温 22~28℃，对水质要求不高。肉食性，饵料有小鱼、鱼肉等。在水族箱中很难繁殖。

注意事项：体型较大，喜吞食小鱼，故只能与大型鱼混养。

虎纹刀鱼 （皇冠飞刀鱼）弓背鱼科

观赏指数：★★★★

饲养难度：★★

市场价位：低

身长：可达 90 厘米以上

虎纹刀鱼

饲养要诀：属夜行性鱼类，多在夜间游动、觅食。性情温和，身体强健，饲养容易。饲养水温 22~28℃，对水质要求不高。肉食性，饵料有小鱼、鱼肉等。在水族箱中很难繁殖。

注意事项：体型较大，喜吞食小鱼，故只能与大型鱼混养。

红鳍银鲫鱼 （**泰国鲫鱼**）鲤科

红鳍银鲫鱼

观赏指数：★ ★ ★

饲养难度：★

市场价位：低

身长：可达 30~50 厘米

　　饲养要诀：饲养水温 22~26℃。以水蚤、水蚯蚓、红虫、人工饵料为食，也食些水草或菜叶等。繁殖水温 25℃左右。将雌雄鱼放入鱼缸中，雌鱼产卵、雄鱼排精同时进行。卵受精 24 小时后孵化，再经 48 小时卵黄囊消失，幼鱼开始游动、觅食。

　　注意事项：身体强健，生长迅速。

栗色鲨鱼 （**红尾金丝鱼**）鲤科

栗色鲨鱼

观赏指数：★ ★ ★ ★

饲养难度：★

市场价位：低

身长：可达 50 厘米

　　饲养要诀：身体强壮，饲养容易。饲养水温 22~27℃。杂食性，不挑剔水质及饵料。

　　注意事项：生长迅速，需要足够大的水族箱。

六间小丑鱼 脂鲤科

六间小丑鱼

观赏指数：★★★★
饲养难度：★★
市场价位：低
身长：可达 40 厘米

饲养要诀：饲养水温 24~28℃，喜弱酸性水质。草食性。体质强健，是初学者最佳的选择。

注意事项：幼鱼时色彩鲜艳，成鱼后身上的黑纹逐渐消失，体色变为灰色。性情较凶猛，在选择混养品种时应小心；喜啃食水草，水族箱中不宜种植水草。

银飞凤鱼 脂鲤科

银飞凤鱼

观赏指数：★★★★
饲养难度：★★
市场价位：低
身长：约 40 厘米

饲养要诀：饲养水温 26~28℃，喜弱酸性至中性水质。最好每星期换一次水，每次换水量约 1/4。

注意事项：性情温和，喜食青苔和水草，所以水族箱中不宜养水草。

宽吻雀鳝鱼 雀鳝科

观赏指数：★★★

饲养难度：★★

市场价位：中

身长：可达 75 厘米

宽吻雀鳝鱼

饲养要诀：肉食性，喜食小鱼等活饵。饲养水温 20~26℃，对水质要求不高。具有辅助呼吸器官，当氧气不足时可浮出水面直接用嘴呼吸。在水族箱中很难繁殖。

注意事项：性情凶猛，不宜与其他小型鱼或温和鱼类混养。被称为"水中杀手"，禁止放生于自然水域。

鳄雀鳝鱼 雀鳝科

观赏指数：★★★★

饲养难度：★★

市场价位：中

身长：可达 200 厘米

鳄雀鳝鱼

　　饲养要诀：饲养水温 20~27℃，喜中性水质。肉食性，喜食小鱼等活饵。

　　注意事项：性情凶猛，不宜与其他小型鱼或温和鱼类混养。被称为"水中杀手"，禁止放生于自然水域。

芦苇鱼 （**丽翼多鳍鱼**）多鳍鱼科

观赏指数：★★★★★

饲养难度：★★★

市场价位：中

身长：可达 40~100 厘米

芦苇鱼

　　饲养要诀：属夜行性鱼类，白天藏身于隐蔽处，夜晚出来觅食，喜潜伏于水底。饲养水温 24~28℃，对水质要求不高。肉食性，喜食小鱼。

　　注意事项：可与其他大型鱼类混养。

九节龙鱼 （尼罗多鳍鱼）多鳍鱼科

观赏指数：★ ★ ★

饲养难度：★ ★

市场价位：低

身长：可达 40 厘米

九节龙鱼

　　饲养要诀：属夜行性鱼类，除吃食和吸气外，平时喜静不动。饲养水温 20~28℃，对水质要求不高。喜食活饵和小鱼。

　　注意事项：在幼鱼期有一对外露的辅助鱼鳃，长大后才消失。经常会蹿出水面吸一口气。此鱼离开水几小时也能存活。

珍珠魟鱼 （亚马孙河魟鱼）板鳃科

观赏指数：★ ★ ★ ★

饲养难度：★ ★ ★

市场价位：高

身长：可达 30~60 厘米

珍珠魟鱼

　　饲养要诀：终年生活于水底，偶尔也会钻入泥中。饲养水温 25~28℃，喜弱酸性水质。对水质变化极为敏感，应尽可能使用旧水，不可全部换新水。肉食性，可喂鱼肉、虾肉、线虫等。水族箱中应使用细砂，以便其潜入。

　　注意事项：尾柄有棘，有剧毒，有时可使人丧命。

黑魔鬼鱼 （无背鳍鳗鱼）胸肛鳗科

观赏指数：★★★★

饲养难度：★★

市场价位：低

身长：可达 50 厘米

黑魔鬼鱼

饲养要诀：性情较为温和，成鱼会吃小鱼。属夜行性鱼类，喜水草丛生、有流木或岩石的幽静水域。饲养水温 22~26℃，喜弱酸性软水。喜活饵，饵料有水蚯蚓、红虫等。在水族箱中很难繁殖。

注意事项：身体会发出微弱的电流，具有雷达的功能。

常见热带海水观赏鱼饲养与观赏

现今世界上已知的海洋鱼类有 2 万余种。其中，生活在热带和亚热带珊瑚礁海域的热带海水观赏鱼（珊瑚礁鱼），因其种类繁多、色彩艳丽、体形怪异、姿态优雅，而被广大养鱼爱好者所钟爱。其主要大类有雀鲷科、蝶鱼科、盖刺鱼科、刺尾鱼科、隆头鱼科、鲀科等，加上其他一些体型较小、性情温和、特征怪异、习性独特的鱼类。

一般在饲养淡水观赏鱼中，遇到的主要困难是不同鱼对水的温度、pH、硬度等有不同的要求，而饲养海水观赏鱼，就完全没有这一问题，一旦你将水质调节好，就适于饲养各种热带海水观赏鱼，因为世界各地珊瑚礁区的水质没有多大的区别。如果能使水族箱中的海水一直保持良好的状态，鱼就可以健康快乐地生活下去。然而，热带海水观赏鱼的繁殖却相当困难，除少数几种雀鲷科鱼外，大都无法进行人工繁殖。

饲养热带海水观赏鱼时多采用混养模式。配置时，除注意不可将小鱼与专吃小鱼的笛鲷、鲀鱼等大型鱼，无脊椎动物与专吃它们的蝶鱼科鱼等混养在一起外，主要是以鱼的体型大小来区分它们。中小型鱼大多可与海洋无脊椎动物饲养在一起；而大中型鱼不仅会时常"欺负"小鱼，而且容易撞伤不会移动或移动缓慢的无脊椎动物，所以水族箱不宜饲养海洋无脊椎动物。

（一）中小型热带海水观赏鱼

中小型热带海水观赏鱼是市场中最常见的类型，品种繁多。饲养中小型热带海水观赏鱼时，除蝶鱼科鱼等一些专食海洋无脊椎动物的种类外，其他鱼类水族箱中还可大量饲养海洋无脊椎动物，这样大大美化了水族箱的环境，增加了观赏效果。许多大中型热带海水观赏鱼的幼鱼也可与中小型热带海水观赏鱼混养在一起，只是待其长大后须将它们移开。

透红小丑鱼 雀鲷科

观赏指数：★★★★★

饲养难度：★★★

市场价位：低

身长：可达 15 厘米

透红小丑鱼

　　饲养要诀：生活在珊瑚礁海区，与海葵共生。杂食性，可喂藻类、动物性浮游生物及人工专用饵料。饲养水温 26℃，比重 1.022。

　　注意事项：最好与大小不同的其他鱼混养。

鲜红小丑鱼 雀鲷科

观赏指数：★★★★★

饲养难度：★★

市场价位：低

身长：可达 10~12 厘米

鲜红小丑鱼

　　饲养要诀：和别的海葵鱼一样，喜躲在海葵中寻求保护，同时为海葵清除身上的腐烂触角和寄生虫，驱逐专爱吃海葵的蝶鱼，有时会把自己吃不完的食物送入海葵嘴中，与海葵共栖共生。饲养水温 26℃，比重 1.022。

　　注意事项：在水族箱内饲养海葵，可为此鱼提供躲避处。

公子小丑鱼 雀鲷科

公子小丑鱼

观赏指数：★ ★ ★ ★ ★

饲养难度：★ ★ ★

市场价位：低

身长：可达 8 厘米

饲养要诀：栖息于珊瑚礁区，通常成对的成鱼和幼鱼会占据同一株海葵，并有阶级之分。杂食性，以藻类、小型甲壳和浮游生物为食，也可食人工专用饵料。饲养水温 26℃，比重 1.022。

注意事项：会在自己所选的地域内驱逐其他鱼。

黑豹小丑鱼 雀鲷科

黑豹小丑鱼

观赏指数：★ ★ ★ ★

饲养难度：★ ★

市场价位：低

身长：可达 13 厘米

饲养要诀：和海葵共生，吃藻类及浮游生物，饲养容易。在海洋底层生活，喜与海葵共生。饲养水温 26℃，比重 1.022。

注意事项：像鞍背小丑鱼一样性情粗野，换环境有暴跳猛冲的行为。

红小丑鱼 雀鲷科

观赏指数：★★★★★

饲养难度：★★

市场价位：低

身长：可达 8 厘米

红小丑鱼

饲养要诀：生活在珊瑚礁海区，与大海葵共生。杂食性，可喂藻类、动物性饵料及人工专用饵料。饲养水温 26℃，比重 1.022。

注意事项：在水族箱内饲养海葵，可为此鱼提供躲避处。

鞍背小丑鱼 雀鲷科

观赏指数：★★★★

饲养难度：★★

市场价位：低

身长：可达 10 厘米

鞍背小丑鱼

饲养要诀：与内湾砂底的海葵共生。杂食性，喜食动物性浮游生物和藻类。适宜在水下层生活。饲养水温为 26℃，比重 1.022。

注意事项：性情温和，喜与海葵共生。

三点白鱼 （三斑宅泥鱼）雀鲷科

观赏指数：★★★

饲养难度：★★

市场价位：低

身长：可达 13 厘米

三点白鱼

　　饲养要诀：暖水性珊瑚礁小型鱼类。常和双锯鱼一起，共生于大型海葵中。偏肉食杂食性，以鱼肉、小型甲壳动物为食。饲养水温 26℃，比重 1.022。

　　注意事项：爱抢食，水族箱内应有足够的岩石供其躲避。

二带双锯鱼 （黑双带小丑鱼）雀鲷科

观赏指数：★★★★

饲养难度：★★

市场价位：低

身长：可达 5~8 厘米，大者可达 13 厘米

二带双锯鱼

　　饲养要诀：暖水性小型鱼类。喜栖息于岩礁和珊瑚礁海区。常进出于大型海葵的触角丛及口盘处，营共栖生活。常吃小鱼、小虾、藻类等。饲养水温 26℃，比重 1.022。

　　注意事项：在水族箱中有领地感，一遇到危险，就会迅速地躲入海葵的触手中。

四间雀鱼 雀鲷科

观赏指数：★ ★ ★ ★

饲养难度：★ ★

市场价位：低

身长：可达 8 厘米

四间雀鱼

　　饲养要诀：杂食性，以浮游生物和藻类为食，人工饲养可喂动物性冷冻食品及人工专用饵料。饲养水温 26℃，比重 1.022。

　　注意事项：水族箱要有足够的隐蔽处。

宅泥鱼 （伪装鱼）雀鲷科

观赏指数：★ ★ ★ ★

饲养难度：★ ★

市场价位：低

身长：5~7 厘米

宅泥鱼

　　饲养要诀：暖水性小型鱼类。栖息在珊瑚礁和砂地交接的枝状珊瑚上，平时在珊瑚上方或周边活动，遇到危险就躲入"树枝"中避敌。以藻类和浮游生物为食。饲养水温 26℃，比重 1.022。

　　注意事项：脾气暴躁，领地性很强，因此只能与体型较大或同样脾气的鱼混养。

蓝绿光鳃鱼 雀鲷科

蓝绿光鳃鱼

观赏指数：	★ ★ ★ ★ ★
饲养难度：	★ ★
市场价位：	低
身　长：	可达 9 厘米

　　饲养要诀：在野外，喜上百只成群活动觅食，栖息在水质清澈的珊瑚丛中或其上方水域，以藻类及浮游生物为食。饲养水温 26℃，比重 1.022。

　　注意事项：在水族箱中群体饲养效果较好。

蓝色豆娘鱼 雀鲷科

蓝色豆娘鱼

观赏指数：	★ ★ ★ ★ ★
饲养难度：	★ ★
市场价位：	低
身　长：	可达 6 厘米

　　饲养要诀：分布广泛，栖息于珊瑚礁区海域。杂食性，主要以藻类，浮游动物为食，可摄食大多数的商品饵料。饲养水温 26℃，比重 1.022。

　　注意事项：可与无脊椎动物混养，但与同类难以相处。

蓝魔鬼鱼 雀鲷科

观赏指数：★★★★★

饲养难度：★★

市场价位：低

身长：可达 10 厘米

蓝魔鬼鱼

    饲养要诀：在天然海域中喜群聚。杂食性，以海中浮游生物、藻类为食，人工饲养可喂人工专用饵料。饲养水温 26℃，比重 1.022。

    注意事项：在水族箱中有占地盘的习性。

黄肚蓝背雀鲷 雀鲷科

黄肚蓝背雀鲷

观赏指数：★★★★

饲养难度：★★

市场价位：低

身长：可达8厘米

饲养要诀：栖息于珊瑚礁海域。杂食性，以藻类和浮游生物为食。饲养水温26℃，比重1.022。

注意事项：在水族箱中有占地盘的习性。

黄尾雀鲷 （**黄尾蓝魔鬼鱼**）雀鲷科

黄尾雀鲷

观赏指数：★★★★★

饲养难度：★★

市场价位：低

身长：可达10厘米

饲养要诀：与蓝魔鬼鱼习性相同。杂食性，以浮游生物和藻类为食。饲养水温26℃，比重1.022。

注意事项：喜群聚，有危险时会迅速钻入石缝中。性情凶猛，会攻击其他小型鱼类。

金蓝雀鲷 雀鲷科

观赏指数：★★★★
饲养难度：★★
市场价位：低
身长：可达 15~20 厘米

金蓝雀鲷

饲养要诀：杂食性，以藻类和浮游生物为食，人工饲养可喂动物性冷冻食品及人工专用饵料。饲养水温 26℃，比重 1.022。

注意事项：斗性强，须注意。成年后，全身变为乌黑，观赏效果降低。

蓝线雀鲷 （黑霓虹雀鲷）雀鲷科

观赏指数：★★★
饲养难度：★★
市场价位：低
身长：可达 8 厘米

蓝线雀鲷

饲养要诀：喜欢群栖，生活在珊瑚礁中。杂食性，以藻类及浮游生物为食。饲养在水温 26℃左右的水族箱中。

注意事项：幼鱼较为漂亮，成鱼身上头部的铁蓝色条纹会随鱼龄的增长而褪去，成鱼体色会变为深灰色，观赏价值降低。

宝石鱼 （**黄尾蓝色雀鲷**）雀鲷科

宝石鱼

观赏指数：★ ★ ★ ★

饲养难度：★ ★ ★

市场价位：低

身长：可达 20 厘米

饲养要诀：杂食性，动植物饵料和人工专用饵料均吃。饲养水温26℃，比重 1.022。

注意事项：性格非常凶猛，一个水族箱内只能饲养一尾。体型较大，成年后可以与大型鱼混养。

五带豆娘鱼 （**条纹豆娘鱼**）雀鲷科

五带豆娘鱼

观赏指数：★ ★ ★ ★

饲养难度：★ ★

市场价位：低

身长：可达 16 厘米

饲养要诀：暖水性鱼类，生活在岩礁或珊瑚礁海区，分布较广。偏肉食杂食性，白天喜三五成群在水中觅食浮游生物，也食人工专用饵料、鱼肉、小虾。饲养水温26℃，比重 1.022。

注意事项：同一水族箱饲养数量不能超过两尾。

丝蝴蝶鱼 （纹鳍蝴蝶鱼）蝶鱼科

观赏指数：★★★★★

饲养难度：★★★

市场价位：低

身长：可达 20 厘米

丝蝴蝶鱼

饲养要诀：生活在珊瑚丛中，珊瑚礁、碎石区、藻丛中也可见，幼鱼常出现在潮池中。杂食性，以珊瑚虫、藻类、小虾、小蟹等为食。饲养水温 26℃，比重 1.022。

注意事项：不宜与无脊椎动物混养。

鞭蝴蝶鱼 （月光蝶鱼）蝶鱼科

观赏指数：★★★★★

饲养难度：★★★

市场价位：低

身长：可达 21 厘米

鞭蝴蝶鱼

饲养要诀：生活在珊瑚丛中。杂食性，以鱼卵、海绵、珊瑚虫、底栖小动物和藻类为食，人工饲养可喂无脊椎动物冷冻食品。饲养水温 26℃，比重 1.022。

注意事项：幼鱼时容易驯饵，成鱼较顽强。不宜与无脊椎动物混养。

乌利蝴蝶鱼 （三间蝶鱼）蝶鱼科

乌利蝴蝶鱼

观赏指数：	★ ★ ★ ★ ★
饲养难度：	★ ★ ★
市场价位：	中
身　长：	可达 18 厘米

　　饲养要诀：生活在珊瑚礁中。喜光，偏肉食杂食性，喂以动物、植物性饵料及人工专用饵料。人工饲养时稍加诱饵就会摄食，较容易饲养。饲养水温 26℃，比重 1.022。

叉纹蝴蝶鱼 蝶鱼科

叉纹蝴蝶鱼

观赏指数：	★ ★ ★ ★ ★
饲养难度：	★ ★ ★
市场价位：	中
身　长：	可达 16 厘米

　　饲养要诀：栖息在近岸的珊瑚礁海域和大礁石区，常成对或大群体出现。自然界中大多以珊瑚虫为食。饲养水温 26℃，比重 1.022。

耳带蝴蝶鱼 （东方蝴蝶鱼）蝶鱼科

观赏指数：★★★★★

饲养难度：★★★

市场价位：低

身长：可达 19 厘米

耳带蝴蝶鱼

饲养要诀：生活于珊瑚礁海域，耐寒力较强，成鱼常 5~10 尾结成小群同游。冬季北部寒流涌来时，绝大部分珊瑚鱼都迁移南下，唯有此鱼逗留。偏肉食杂食性，可喂颗粒饵料、藻类、小型甲壳动物、鱼肉等。饲养水温 26℃，比重 1.022。

栗点蝴蝶鱼 （澳洲珍珠蝶鱼）蝶鱼科

观赏指数：★★★★★

饲养难度：★★★

市场价位：中

身长：可达 17 厘米

栗点蝴蝶鱼

饲养要诀：具有群聚性的小型蝴蝶鱼，常群栖于沿海水质清澈的岩礁区 20 米深的浅水海域觅食。杂食性，以底栖小动物及藻类为食。饲养水温 26℃，比重 1.022。

注意事项：不宜与无脊椎动物混养。

印度月光鱼 （**黄头蝴蝶鱼**）蝶鱼科

观赏指数：★ ★ ★ ★ ★

饲养难度：★ ★ ★

市场价位：中

身长：可达 20 厘米

印度月光鱼

　　饲养要诀： 生活在珊瑚丛中。杂食性，以鱼卵、海绵、珊瑚虫、底栖小动物和藻类为食，人工饲养可喂无脊椎动物冷冻食品。饲养水温 26℃，比重 1.022。

　　注意事项： 不宜与无脊椎动物混养。

珠蝴蝶鱼 （**克氏蝴蝶鱼**）蝶鱼科

观赏指数：★ ★ ★ ★

饲养难度：★ ★ ★

市场价位：低

身长：可达 15 厘米

珠蝴蝶鱼

　　饲养要诀： 生活于珊瑚礁区。杂食性，以藻类、珊瑚虫、浮游生物为食。人工饲养时，可喂以无脊椎动物饵料。饲养水温 26℃，比重 1.022。

浣熊蝴蝶鱼 （新月蝴蝶鱼） 蝶鱼科

浣熊蝴蝶鱼

观赏指数：★★★★★

饲养难度：★★★

市场价位：中

身长：可达 20 厘米

饲养要诀： 经常成对或小族群出现于礁区平台，最深可生活于 25 米处。肉食性，以裸鳃类、多毛类或其他小型底栖生物为食。

注意事项： 幼鱼眼睛斑纹的前方颜色较浅，背鳍上有一眼状斑块，成鱼无此特征。不宜与无脊椎动物混养。

美容蝶鱼 蝶鱼科

美容蝶鱼

观赏指数：★★★★

饲养难度：★★★

市场价位：低

身长：可达 13 厘米

饲养要诀： 易饲养，杂食性，可喂动物性、植物性饵料和人工饵料。喜欢在珊瑚礁区附近群聚。饲养水温 26℃，比重 1.022。

注意事项： 最大特点是遇到其他鱼类游近时会食它们身上的污物。

一点蝶鱼 （泪珠蝴蝶鱼）蝶鱼科

观赏指数：	★ ★ ★ ★ ★
饲养难度：	★ ★ ★
市场价位：	中
身长：	可达 15 厘米

一点蝶鱼

饲养要诀： 栖息在珊瑚礁海域。肉食性，以石珊瑚、小型甲壳类动物、海绵等为食。饲养水温 26℃，比重 1.022。

红海月眉鱼 （斜带蝴蝶鱼）蝶鱼科

观赏指数：	★ ★ ★ ★ ★
饲养难度：	★ ★ ★
市场价位：	中
身长：	可达 20 厘米

红海月眉鱼

饲养要诀： 栖息于红海的珊瑚礁区海域，是红海的固有种。杂食性，主要以底栖无脊椎动物、管虫及藻类为食。不太挑食，很容易饲养。

镜蝴蝶鱼 （镜斑蝴蝶鱼）蝶鱼科

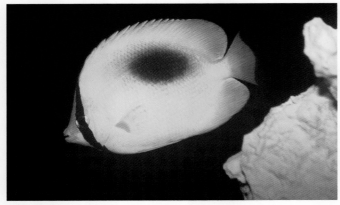

观赏指数：★★★★★

饲养难度：★★

市场价位：低

身长：可达 6~12 厘米

镜蝴蝶鱼

　　饲养要诀：暖水性小型珊瑚礁鱼，生性胆怯，常独居。偏肉食杂食性，人工饲养可喂颗粒饵料、小型甲壳动物、鱼肉。

橘尾蝴蝶鱼 （红尾蝶鱼）蝶鱼科

观赏指数：★★★★★

饲养难度：★★

市场价位：低

身长：可达 9 厘米

橘尾蝴蝶鱼

　　饲养要诀：蝴蝶鱼中较小的一种。杂食性，可喂无脊椎动物饵料和藻类。饲养水温 26℃，比重 1.022。

格纹蝴蝶鱼 （网纹蝴蝶鱼）蝶鱼科

观赏指数：★★★★★
饲养难度：★★★
市场价位：低
身长：可达 15 厘米

格纹蝴蝶鱼

　　饲养要诀：生活在珊瑚礁海域。身体健壮，饲养容易，可放入混养的水族箱内。偏肉食杂食性，喜欢吃鱼、贝类动物的肉末，可喂薄片饵料。饲养水温 26℃，比重 1.022。

　　注意事项：同种之间有时打斗激烈，打斗时会竖起锐利的背鳍硬刺来突袭对方。会吃珊瑚虫、海葵等，故不能与无脊椎动物混养。

黑背蝴蝶鱼 蝶鱼科

观赏指数：★★★★★
饲养难度：★★★
市场价位：低
身长：可达 16 厘米

黑背蝴蝶鱼

　　饲养要诀：珊瑚礁小型鱼类，栖息于礁盘浅水区。肉食性，以珊瑚虫为食。人工饲养时，可喂无脊椎动物饵料。饲养水温 26℃，比重 1.022。

金色蝴蝶鱼 （黄色蝶鱼）蝶鱼科

观赏指数：★ ★ ★ ★ ★

饲养难度：★ ★ ★ ★ ★

市场价位：高

身长：可达 19 厘米

金色蝴蝶鱼

　　饲养要诀：栖息于珊瑚礁区，通常成对出现，偶尔也会群聚活动。肉食性，以海底栖息的无脊椎动物为食，人工饲养可喂无脊椎动物饵料。饲养水温 26℃，比重 1.030。

霞蝴蝶鱼 （银斑蝶鱼）蝶鱼科

观赏指数：★ ★ ★ ★ ★

饲养难度：★ ★ ★ ★

市场价位：中

身长：可达 18 厘米

霞蝴蝶鱼

　　饲养要诀：栖息于珊瑚礁区海域。当潮流涌来时，此鱼会成群集结在潮流中层觅食浮游生物。肉食性，主要以底栖小动物为食，人工饲养可喂动物性浮游生物。饲养水温 26℃，比重 1.022。

橙带蝴蝶鱼 （黄斜纹蝶鱼）蝶鱼科

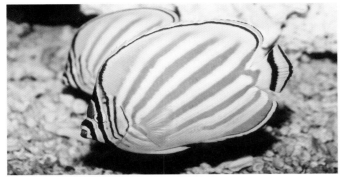

橙带蝴蝶鱼

观赏指数：★ ★ ★ ★ ★
饲养难度：★ ★ ★ ★
市场价位：中
身　长：可达 19 厘米

　　饲养要诀：栖息在干净的珊瑚礁水域。肉食性，食珊瑚虫等。因驯饵不容易，水族箱中较难供应适合其口味的饵料，可喂无脊椎动物冷冻食品。饲养水温 26℃，比重 1.022。

八带蝴蝶鱼 （八线蝶鱼）蝶鱼科

八带蝴蝶鱼

观赏指数：★ ★ ★ ★
饲养难度：★ ★ ★
市场价位：低
身　长：可达 10 厘米

　　饲养要诀：暖水性小型珊瑚礁鱼，平常固守在珊瑚丛中，潮流来时便会随潮流移动。肉食性，主食珊瑚虫及贝类、甲壳类动物等，但经过诱食也会接受其他鱼饵。饲养水温 26℃，比重 1.022。

花关刀鱼 蝶鱼科

花关刀鱼

观赏指数：★★★★★
饲养难度：★★★
市场价位：中
身长：可达 24 厘米

　　饲养要诀：在珊瑚礁中生活。肉食性，可喂动物性浮游生物。饲养水温 26℃，比重 1.022。

　　注意事项：幼鱼不需驯饵。成鱼要保持环境安静，这样在水族箱中驯饵才会成功。

红海马夫鱼 （红海关刀鱼）蝶鱼科

红海马夫鱼

观赏指数：★★★★★
饲养难度：★★★
市场价位：中
身长：可长至 20 厘米

　　饲养要诀：喜欢栖息在礁区周边的砂石地或海草繁密处，一般在 20 米深处活动，常配对出没，也时常形成小群体活动。以底栖小动物为食。饲养水温 26℃，比重 1.022。

　　注意事项：鱼群的领导者会攻击其他鱼，因此鱼数量多时须用大水族箱。

马夫鱼 （黑白关刀鱼）蝶鱼科

观赏指数：★★★★★

饲养难度：★★

市场价位：低

身长：可达 18 厘米

马夫鱼

饲养要诀：暖水性中小型珊瑚礁鱼，喜欢栖息在内湾或港内海域，平常都结成数十尾小群活动。杂食性，可喂动物性浮游生物。饲养水温 26℃，比重 1.022。

注意事项：鱼群的领导者会攻击其他鱼，因此鱼数量多时须用大水族箱。

镊口鱼 （黄火箭鱼）蝶鱼科

观赏指数：★ ★ ★ ★ ★
饲养难度：★ ★ ★
市场价位：低
身长：可达 25 厘米

镊口鱼

　　饲养要诀：生活在珊瑚礁海区。肉食性，人工饲养可喂鱼肉及无脊椎动物饵料。饲养水温 26℃，比重 1.022。

钻嘴鱼 （三间火箭鱼）蝶鱼科

观赏指数：★ ★ ★ ★ ★
饲养难度：★ ★ ★
市场价位：低
身长：可达 18 厘米

钻嘴鱼

　　饲养要诀：生活在珊瑚礁区。肉食性，延长的管状嘴适于在缝隙或孔洞中探取食物。

　　注意事项：不够强壮，水族箱内设有躲藏处会给它带来安全感，须喂食足够的饵料。

咖啡关刀鱼 蝶鱼科

观赏指数：★★★★

饲养难度：★★★

市场价位：中

身长：可达 17 厘米

咖啡关刀鱼

　　饲养要诀：肉食性，可喂动物性饵料。饲养水温 26℃，比重 1.022。

　　注意事项：在水族箱中饲养，成鱼需要较长的适应期。

蓝嘴神仙鱼 （**蓝嘴新娘鱼**）盖刺鱼科

观赏指数：★★★★★

饲养难度：★★★

市场价位：中

身长：可达 25 厘米

蓝嘴神仙鱼

　　饲养要诀：幼鱼栖息于水深 35~55 米的海域，成大后到浅水区活动。幼鱼很容易饲养，成鱼有拒食的情形。杂食性，可喂无脊椎动物冷冻食品、植物性饵料及人工专用饵料。饲养水温 26℃，比重 1.022。

　　注意事项：性情温和，对水质要求苛刻。

双色神仙鱼 （石美人鱼）盖刺鱼科

观赏指数：★★★★★

饲养难度：★★

市场价位：低

身长：可达 13 厘米

双色神仙鱼

　　饲养要诀：杂食性，可食无脊椎动物饵料、藻类及人工专用饵料。雄鱼可与一群雌鱼交配，如果鱼群中的雄鱼死亡或离开，雌鱼会变性来替代雄鱼。饲养水温 26℃，比重 1.022。

　　注意事项：同种鱼间会争斗，畏惧较大的鱼。

火焰神仙鱼 盖刺鱼科

观赏指数：★★★★★

饲养难度：★★

市场价位：中

身长：可达 10 厘米

火焰神仙鱼

　　饲养要诀：杂食性，可喂无脊椎动物冷冻饵料、干燥食品及人工专用饵料。饲养水温 26℃，比重 1.022。

　　注意事项：会占领地盘，应和较大的鱼混养，并提供足够的躲避场所。

黄背蓝肚神仙鱼 盖刺鱼科

观赏指数：★ ★ ★ ★ ★

饲养难度：★ ★

市场价位：中

身长：可达 8~10 厘米

黄背蓝肚神仙鱼

饲养要诀：杂食性，可喂动物性、植物性饵料及人工专用海水饵料。饲养水温26℃，比重 1.022。

注意事项：会占领地盘，需要提供足够的躲避场所。

帝王神仙鱼 （**皇帝神仙鱼**）盖刺鱼科

观赏指数：★ ★ ★ ★ ★

饲养难度：★ ★ ★

市场价位：中

身长：可达 25 厘米

帝王神仙鱼

饲养要诀：喜欢栖息在海流及波浪可影响到的珊瑚礁区。杂食性，以海绵、藻类及附着生物为食。人工饲养可喂动物性、植物性冷冻食品及人工专用饵料。

注意事项：野生成年的帝王神仙鱼很难在水族箱中饲养，因为它们主食野生的寄生虫。一旦适应了吃人工饵料，就可以活很长时间。

澳洲神仙鱼　盖刺鱼科

观赏指数：★★★★★
饲养难度：★★★
市场价位：中
身长：可达 22 厘米

澳洲神仙鱼

　　饲养要诀：在珊瑚礁区生活。偏肉食杂食性，喜食蠕虫类、藻类，也不拒绝人工饵料、小型甲壳动物及蔬菜。

珊瑚美人鱼　（蓝闪电神仙鱼）盖刺鱼科

观赏指数：★★★★★
饲养难度：★★
市场价位：中
身长：可达 13 厘米

珊瑚美人鱼

　　饲养要诀：杂食性，以藻类、珊瑚虫、浮游生物为食。人工饲养可喂无脊椎动物饵料、藻类及人工专用饵料。

　　注意事项：胆小，需要有躲避场所。同种间有较激烈的争斗，混养时应选择体型相等者较好。

花豹神仙鱼 盖刺鱼科

花豹神仙鱼

观赏指数：	★★★★★
饲养难度：	★★
市场价位：	中
身长：	可长至 10 厘米

饲养要诀： 喜爱出没于近岸的岩礁与珊瑚礁区浅水域。对水质要求较高。杂食性，以藻类及小型附着于岩壁上的小生物为食，人工饲养可喂动物性、植物性饵料及人工专用饵料。

注意事项： 性情温和，容易饲养，一放入水族箱，马上四处觅食，无需驯饵。

拉马克神仙鱼 盖刺鱼科

拉马克神仙鱼

观赏指数：	★★★★
饲养难度：	★★
市场价位：	低
身长：	可达 24 厘米

饲养要诀： 肉食性，可喂动物性饵料及人工专用饵料。饲养水温 26℃，比重 1.022。

注意事项： 雌雄同色，背上的粗黑线条连接尾鳍上缘黑线者为雄鱼，连接尾鳍下缘黑线者为雌鱼。

黄刺尻鱼 （黄新娘鱼）盖刺鱼科

观赏指数：★★★★★

饲养难度：★★

市场价位：低

身长：可达 12 厘米

黄刺尻鱼

饲养要诀：生活于珊瑚礁区海域，性情温顺。偏肉食杂食性，以小型蠕虫类为主食，人工饲养可喂颗粒饵料、小型甲壳动物、蔬菜等。饲养水温 26℃，比重 1.022。

金边刺尾鱼 （花倒吊鱼）刺尾鱼科

观赏指数：★ ★ ★ ★

饲养难度：★ ★

市场价位：低

身长：可达 20 厘米

金边刺尾鱼

　　饲养要诀： 多活动在礁盘浅水带。草食性，以藻类、海草为食，人工饲养可喂菠菜、香菜、莴苣、紫菜、海带等，以及人工专用饵料。饲养水温 26℃，比重 1.022。

　　注意事项： 饲养时同种间无排斥现象，可数尾养在一起。

帝王刺尾鱼 （蓝倒吊鱼）刺尾鱼科

观赏指数：★ ★ ★ ★ ★

饲养难度：★ ★

市场价位：低

身长：可达 25 厘米

帝王刺尾鱼

　　饲养要诀： 栖息于珊瑚礁区波浪较大的海域。杂食性，以动物性浮游生物、藻类为食，也可食人工专用饵料。饲养水温 26℃，比重 1.022。

　　注意事项： 个性活跃，要有足够的游动空间。体色会随着鱼龄增大而减淡。

橙斑刺尾鱼 刺尾鱼科

观赏指数：★★★★★

饲养难度：★★

市场价位：低

身长：可达 25 厘米

橙斑刺尾鱼

　　饲养要诀：草食性，喜食藻类及人工专用饵料等。要求水质清澈，水温稳定。饲养水温 26℃，比重 1.022。

　　注意事项：需要较大的生活空间。

黄高鳍刺尾鱼 刺尾鱼科

观赏指数：★★★★★

饲养难度：★★

市场价位：中

身长：可达 20 厘米

黄高鳍刺尾鱼

　　饲养要诀：在水深 1~40 米的岩礁及珊瑚礁区都可发现其踪迹，是不太在意居住环境的杂食者，以藻类和底栖动物为食。人工饲养可喂动物性浮游生物、藻类及人工专用饵料。饲养水温 26℃，比重 1.022。

紫帆鳍刺尾鱼 （紫色倒吊鱼）刺尾鱼科

紫帆鳍刺尾鱼

观赏指数：★ ★ ★ ★ ★
饲养难度：★ ★
市场价位：中
身长：可达 20 厘米

　　饲养要诀：草食性鱼类，生活于珊瑚礁海域。有领地观念，通常一个鱼缸内只能养一尾。需要绿色植物，长有青苔的装饰物是其理想的进食场所。

　　注意事项：生性活跃，需要足够的游动空间和繁盛的青苔。

小高鳍刺尾鱼 （三角倒吊鱼）刺尾鱼科

小高鳍刺尾鱼

观赏指数：★ ★ ★ ★
饲养难度：★ ★
市场价位：低
身长：可达 20 厘米

　　饲养要诀：喜欢群集生活于珊瑚礁中。以食藻类为主，有时也吃虾及蛤肉。性情温顺，一般不与其他鱼争斗，生活于水深 60 米以上的浅海区，但不容易长期饲养。

　　注意事项：饲养时同种间无排斥现象，可数尾养在一起。

粉蓝刺尾鱼 刺尾鱼科

观赏指数：	★★★★★
饲养难度：	★★★★
市场价位：	中
身长：	可达 23 厘米

粉蓝刺尾鱼

　　饲养要诀：喜群集，常聚集在珊瑚礁海域之浅礁盘上活动与觅食。草食性，可喂藻类及人工专用饵料。饲养水温 26℃，比重 1.022。
　　注意事项：生性活跃，需要足够的游动空间和繁盛的青苔。

金色海猪鱼 （**黄龙鱼**）隆头鱼科

观赏指数：	★★★★★
饲养难度：	★★
市场价位：	低
身长：	可达 10 厘米

金色海猪鱼

　　饲养要诀：有钻砂的习性，性情温和。肉食性，可喂动物性饵料及人工专用饵料。饲养水温 26℃，比重 1.020。

裂唇鱼 （**鱼医生**）隆头鱼科

观赏指数：★★★★

饲养难度：★★

市场价位：低

身长：可达 12 厘米

裂唇鱼

　　饲养要诀：每个珊瑚礁区都有几尾此种鱼"负责"该地区其他鱼的"看病"工作，以其他鱼的体表上或鳃、口内的寄生虫为食。人工饲养可喂小的动物性冷冻饵料或活饵料。饲养水温 26℃，比重 1.022。

　　注意事项：在水族箱中，虽也会摄食其他鱼身上的寄生虫，但这吃不饱，须给它喂替代食品，否则会饿死。

美普提鱼 （古巴三色龙鱼）隆头鱼科

观赏指数：★★★★★

饲养难度：★★

市场价位：低

身长：可达 23 厘米

美普提鱼

饲养要诀：肉食性，幼鱼会啄食附生在其他鱼身上的寄生虫，喜食多毛类、贝类、甲壳类等无脊椎小动物。饲养水温 26℃，比重 1.020。

注意事项：幼鱼可作其他鱼的"清洁鱼"。

纵纹锦鱼 隆头鱼科

观赏指数：★★★★★

饲养难度：★★

市场价位：低

身长：可达 15 厘米

纵纹锦鱼

饲养要诀：肉食性，可喂动物性饵料及人工专用饵料。饲养水温 26℃，比重 1.022。

红横带龙鱼 （小丑长牙鱼）隆头鱼科

观赏指数：	★ ★ ★ ★ ★
饲养难度：	★ ★
市场价位：	中
身　长：	可达 25 厘米

红横带龙鱼

　　饲养要诀： 栖息于珊瑚礁区，喜群游。肉食性，以小鱼、小虾为主食，人工饲养可喂动物性饵料。很容易适应环境，放入水族箱即可吃饵。饲养水温 26℃，比重 1.020。

　　注意事项： 需要足够的空间及柔软的底砂，供其晚间打洞用。

五带鹦嘴鱼 隆头鱼科

观赏指数：	★ ★ ★ ★ ★
饲养难度：	★ ★
市场价位：	中
身　长：	可达 21 厘米

五带鹦嘴鱼

　　饲养要诀： 属珊瑚礁鱼类，通常栖息于礁盘内。肉食性，人工饲养可喂冰冻鱼虾肉、丰年虾、水蚯蚓和人工饵料。

染色尖嘴鱼 （乌龙鱼）隆头鱼科

观赏指数：★★★★

饲养难度：★★

市场价位：低

身长：可达 25 厘米

染色尖嘴鱼

　　饲养要诀：肉食性，以小鱼、小虾及贝类、甲壳类动物为食。

　　注意事项：喜欢独居。最好从小开始饲养，因为幼鱼的适应性比较强，野生成鱼较难适应水族箱环境。

尖嘴鳞鲀鱼 （尖嘴炮弹鱼）鳞鲀科

观赏指数：★★★★★

饲养难度：★★★

市场价位：低

身长：可达 10 厘米

尖嘴鳞鲀鱼

　　饲养要诀：喜欢在鹿角珊瑚区活动，常在枝间栖息过夜，平时都作倒立姿态。肉食性，可喂甲壳类等无脊椎动物。饲养水温 26℃，比重 1.022。

毛炮弹鱼 （**龙须棘皮鲀鱼**）鳞鲀科

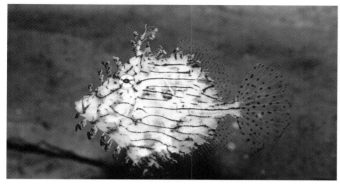

毛炮弹鱼

观赏指数：	★ ★ ★ ★ ★
饲养难度：	★ ★ ★
市场价位：	中
身长：	可达 25 厘米

饲养要诀：常混在枯枝、海藻中伪装海藻捕捉小虫、小虾，也会随海藻漂流到水面捕捉和啄食浮游生物及小鱼虾。

注意事项：身体特别强健，爱群居。

长鼻箱鲀鱼 箱鲀科

长鼻箱鲀鱼

观赏指数：	★ ★ ★ ★
饲养难度：	★ ★
市场价位：	低
身长：	可达 20 厘米

饲养要诀：肉食性，以小型无脊椎动物为食。饲养水温 26℃，比重 1.022。

注意事项：受惊吓时会放出毒素，保护自己，故不能和其他鱼混养。

镰鱼 （神仙鱼）镰鱼科

观赏指数：★★★★★

饲养难度：★★★★★

市场价位：中

身长：可达 22 厘米

镰鱼

饲养要诀：喜栖息于岩礁或珊瑚礁底层水域，活动深度可达 180 米，常少量群集。杂食性，主要食物是海绵，也会吃其他无脊椎动物或一些藻类，人工饲养可喂人工专用饵料。饲养水温 26℃，比重 1.022。

注意事项：较难适应新的环境。运输过程中如受伤，在水族箱中就不进食，慢慢饿死。会与别的鱼相斗，最好单独饲养。

狐篮子鱼 （狐面鱼）篮子鱼科

狐篮子鱼

观赏指数：★★★★★
饲养难度：★★
市场价位：低
身长：可达 20 厘米

饲养要诀： 常成群栖息于岩礁和珊瑚丛中。杂食性，主要食藻类，也可食动物性饵料和人工专用饵料。饲养水温 26℃，比重 1.022。

注意事项： 胆小，易受惊吓，性情相当温和。各鳍鳍棘有毒腺，被刺后可引起剧痛。

带篮子鱼 篮子鱼科

带篮子鱼

观赏指数：★★★★★
饲养难度：★★
市场价位：低
身长：可达 8~14 厘米

饲养要诀： 暖水性鱼类，喜栖于水质清澈、有岩石和珊瑚礁的海域。杂食性，喜食植物性饵料。饲养水温 26℃，比重 1.022。

注意事项： 性情相当温和，胆小，易受惊吓。背鳍鳍刺有毒。

印度狐狸鱼 篮子鱼科

观赏指数：★ ★ ★ ★ ★

饲养难度：★ ★

市场价位：低

身长：可达 18 厘米

印度狐狸鱼

饲养要诀： 杂食性，饲养时应多给植物性饵料。饲养水温 26℃，比重 1.022。

注意事项： 性情平和，成长快速，好游动，必须给予较大的活动空间。

紫斑花鮨鱼 （紫印鱼）鮨科

观赏指数：★ ★ ★ ★ ★

饲养难度：★ ★ ★ ★

市场价位：低

身长：可达 10 厘米

紫斑花鮨鱼

饲养要诀： 性情温和。肉食性，可喂动物性浮游生物。饲养水温 26℃，比重 1.022。

红线金鱼 鮨科

红线金鱼

观赏指数：★ ★ ★ ★ ★

饲养难度：★ ★ ★

市场价位：低

身长：可达 10 厘米

饲养要诀：肉食性，以浮游动物为食。饲养水温 26℃，比重 1.022。

注意事项：喜群居，适合多尾饲养于大水族箱。

草莓鱼 鮨科

草莓鱼

观赏指数：★ ★ ★ ★ ★

饲养难度：★ ★

市场价位：低

身长：可达 6 厘米

饲养要诀：属小型珊瑚礁鱼类。肉食性，以浮游生物为食，人工饲养可喂甲壳类动物及人工专用饵料。

注意事项：同种间有激烈的争斗。体型虽小，但性情凶猛，会咬死温顺的小鱼，吃掉小虾。

黄背紫色鱼 鲔科

观赏指数：★★★★★
饲养难度：★★★★
市场价位：低
身长：可达 12 厘米

黄背紫色鱼

饲养要诀：肉食性，以浮游动物为食。饲养水温 26℃，比重 1.022。

注意事项：适宜在大型鱼缸群体饲养。

高鳍石首鱼 石首鱼科

观赏指数：★★★★★
饲养难度：★★
市场价位：低
身长：可达 25 厘米

高鳍石首鱼

饲养要诀：在珊瑚礁和海藻林底层生活。生性温和，能与水族箱内的其他鱼"友好"相处。肉食性，可喂人工饵料及贝类、甲壳类动物。饲养水温 26℃，比重 1.022。在理想的环境下，可以繁殖成功。

注意事项：鱼鳔共鸣而发声。对食物很挑剔，颇难喂食。

长鼻鹰鱼 （**尖嘴红格鱼**）鹰斑鲷科

长鼻鹰鱼

观赏指数：★ ★ ★ ★ ★

饲养难度：★ ★ ★

市场价位：中

身长：可达 13 厘米

　　饲养要诀：大多生活在柳珊瑚或黑珊瑚的枝丛间，分布于水深 40 米以下海域。多采用静卧姿态，游一下就会停，极喜爱停在隆起物的顶端。肉食性，以甲壳类动物及浮游生物为主食。饲养水温 26℃，比重 1.022。

　　注意事项：攻击性稍强，但对于不太移动的无脊椎动物并不伤害。

睡衣天竺鲷 天竺鲷科

睡衣天竺鲷

观赏指数：★ ★ ★ ★

饲养难度：★ ★

市场价位：低

身长：可达 10 厘米

　　饲养要诀：栖息于海湾及珊瑚丛中，喜群体生活，在水族箱中可饲养多尾。肉食性，可喂甲壳类动物饵料及人工专用饵料。饲养水温 26℃，比重 1.022。

　　注意事项：饲养初期可能会拒食，宜用活虾诱食。

环尾天竺鲷 天竺鲷科

观赏指数：★★★★★

饲养难度：★★

市场价位：低

身长：可达 12 厘米

环尾天竺鲷

　　饲养要诀：一般集群在海区底层活动，夜间外出觅食。肉食性，可喂动物性饵料及人工专用饵料。饲养水温 26℃，比重 1.022。

　　注意事项：水族箱中可饲养多尾。

燕子鱼 天竺鲷科

观赏指数：★★★★

饲养难度：★★

市场价位：低

身长：可达 10 厘米

燕子鱼

　　饲养要诀：经常隐身在枝状珊瑚丛中。杂食性，饵料可用海藻、丰年虾、鱼虫和人工饵料。饲养水温 26℃，比重 1.022。

喷射机鱼 虾虎鱼科

观赏指数：★ ★ ★
饲养难度：★ ★
市场价位：低
身长：可达 10 厘米

喷射机鱼

  饲养要诀：白天成双成对停留在离巢穴不远的水域，一有动静就躲入洞穴。肉食性，以浮游生物为主食，在水族箱喜吃漂流的肉质性鱼饵。饲养水温 26℃，比重 1.022。

紫雷达鱼（紫火鱼）虾虎鱼科

观赏指数：★ ★ ★ ★ ★
饲养难度：★ ★
市场价位：低
身长：可达 8.5 厘米

紫雷达鱼

  饲养要诀：在自然栖息地多成双成对出入，平时活动于其栖息的洞穴或上方半米以内水域。肉食性，迎向海流方向觅食浮游生物。饲养水温 26℃，比重 1.022。

雷达鱼 （丝鳍美塘体鱼）虾虎鱼科

观赏指数：★★★★★

饲养难度：★★

市场价位：低

身长：可达 6 厘米

雷达鱼

饲养要诀：平时成对停浮在距水底 60~70 厘米的水域。肉食性，吃漂流而来的浮游生物和小虫。饲养水温 26℃，比重 1.022。

硫黄虾虎鱼 虾虎鱼科

观赏指数：★ ★ ★ ★ ★
饲养难度：★ ★
市场价位：低
身长：可达 7.5 厘米

硫黄虾虎鱼

　　饲养要诀：平时栖息于水底砂层中，露出头顶的双眼观察周围的环境。肉食性，吃漂流而来的浮游生物和小虫。饲养水温 26℃，比重 1.022。

　　注意事项：容忍性强，但有领地性。

青蛙鱼 鳚科

观赏指数：★ ★ ★ ★ ★
饲养难度：★ ★ ★ ★
市场价位：低
身长：可达 7.5 厘米

青蛙鱼

　　饲养要诀：肉食性，可喂动物性浮游生物。饲养水温 26℃，比重 1.022。

　　注意事项：应保持水族箱安静，不宜与爱吵闹的鱼混养。

刀片鱼 玻甲鱼科

刀片鱼

观赏指数：★★★★

饲养难度：★★

市场价位：低

身长：可达 15 厘米

　　饲养要诀：头部向下的倒立泳姿是其特有的运动方式，通常在珊瑚礁区浅水海域群游。昼伏夜出。肉食性，以动物性浮游生物及小鱼为食。饲养水温 26℃，比重 1.022。
　　注意事项：水族箱中群体饲养，观赏效果更佳。

毛躄鱼 躄鱼科

毛躄鱼

观赏指数：★★★★

饲养难度：★★

市场价位：低

身长：可达 11 厘米

　　饲养要诀：属暖水性底层鱼类。靠特有的外形隐藏于海藻中，伺机吞食靠近它的小鱼。肉食性，以动物性浮游生物及小鱼为食。饲养水温 26℃，比重 1.022。

海马鱼 海龙科

观赏指数：★ ★ ★ ★

饲养难度：★ ★ ★ ★

市场价位：中

身长：可达 20 厘米

海马鱼

饲养要诀：用尾巴钩住海藻，伪装成海藻状，以捕食靠近身边的小虫、虾等。肉食性，人工饲养可喂动物性浮游生物。饲养水温 26℃，比重 1.022。雄海马腹部有育儿囊，雌海马产卵于雄海马的育儿袋中，由雄海马负责孵卵，数星期后孵出。

注意事项：饲养在较大的水族箱中，应有树枝让其攀附。

海龙鱼 （草海龙鱼）海龙科

海龙鱼

观赏指数：★★★★★

饲养难度：★★★★

市场价位：中

身长：可达 23 厘米

饲养要诀： 嘴部尖长细小，因此只能吸食细小的饵料。肉食性，可喂动物性浮游生物。饲养水温 26℃，比重 1.022。

注意事项： 应饲养在较大的水族箱中，应有树枝让其攀附。

花园鳗鱼 康吉鳗科

花园鳗鱼

观赏指数：★★★★★

饲养难度：★★

市场价位：中

身长：可达 25~30 厘米

饲养要诀： 群栖的动物，体形细长，平常白天下半身埋在砂地，只露出上半身在水层中啄食浮游动物。随着海流晃动，身体摇曳，远远望去好比花园里的草在随风摇摆，所以称为"花园鳗"。可以饲喂各种动物性饵料，也可提供淡水虾或饵料鱼。

注意事项： 胆小怕生，受到惊吓或强烈的闪光，可能就会因紧张而死去。

（二）大型热带海水观赏鱼

适宜饲养的大型热带海水观赏鱼，体长 25~50 厘米，属于姿态优雅、体形怪异、色彩艳丽、适合混养的种类。由于大型热带海水观赏鱼的体型较大，需要较大的游动空间，所以须配置大型水族箱。它们非常活跃，游速快，在空间不大的水族箱中，很容易撞伤不会移动或移动缓慢的无脊椎动物，所以水族箱中不宜饲养海洋无脊椎动物。但这并不影响它们的观赏效果，一群大型热带海水观赏鱼在水族箱中优雅地游动着，极具视觉冲击力。

高欢雀鲷 雀鲷科

观赏指数：★ ★ ★ ★ ★
饲养难度：★ ★ ★
市场价位：中
身长：可达 36 厘米

高欢雀鲷

饲养要诀： 栖息于太平洋东部近岸处的岩礁海域，通常活动于浅水区。肉食性，以海底栖息的无脊椎动物为主食。饲养水温 24℃，比重 1.023。

注意事项： 成鱼体型较大，需要较大的水族箱。

巨雀鲷 （美国蓝珍珠雀鱼） 雀鲷科

巨雀鲷

观赏指数：★★★★

饲养难度：★★

市场价位：低

身长：可达 31 厘米

饲养要诀：生活于珊瑚礁区。杂食性，喜食蠕虫类动物，人工饲养可喂动物性冷冻食品、藻类及人工专用饵料。饲养水温 26℃，比重 1.022。

注意事项：成鱼体型较大，需要较大的水族箱。

黑影蝴蝶鱼 蝶鱼科

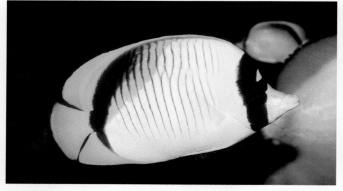

黑影蝴蝶鱼

观赏指数：★★★★★

饲养难度：★★★

市场价位：低

身长：可达 30 厘米

饲养要诀：分布很广，季节性大量出现。偏肉食杂食性，喂以动物性、植物性饵料及人工饵料。饲养水温 26℃，比重 1.022。

纹带蝴蝶鱼 蝶鱼科

观赏指数：	★ ★ ★ ★ ★
饲养难度：	★ ★ ★
市场价位：	低
身长：	可达 30 厘米

纹带蝴蝶鱼

　　饲养要诀： 喜爱出没在珊瑚礁的礁缘及斜坡处，通常成对行动。属于杂食性的鱼种，以底栖的无脊椎动物及藻类为食。饲养水温 26℃，比重 1.022。

皇帝神仙鱼 盖刺鱼科

观赏指数：★★★★★
饲养难度：★★
市场价位：中
身长：可达35厘米

皇帝神仙鱼

皇帝神仙鱼（幼鱼）

饲养要诀：杂食性，喜食动物性饵料，也食植物性饵料及人工专用饵料。在水族箱中很容易亲近给饵者。饲养水温26℃，比重1.022。

注意事项：幼鱼体表花纹与成鱼完全不同。可以长得很大，因此需要大的水族箱，喜欢和其他较大的鱼一起生活。

蓝纹神仙鱼 盖刺鱼科

蓝纹神仙鱼

观赏指数：	★ ★ ★ ★ ★
饲养难度：	★ ★
市场价位：	中
身长：	可达 45 厘米

蓝纹神仙鱼（幼鱼）

　　饲养要诀：经常活动于珊瑚礁或岩礁底部较阴暗处或洞穴附近。杂食性，以藻类及附着生物为食，人工饲养可喂动物性及植物性冷冻饵料。饲养水温 26℃，比重 1.022。

　　注意事项：幼鱼体表花纹与成鱼完全不同。饲养时必须有充足的游动空间和躲避场所。

蓝环神仙鱼 盖刺鱼科

观赏指数：★★★★★
饲养难度：★★
市场价位：中
身长：可达 40 厘米

蓝环神仙鱼

蓝环神仙鱼（幼鱼）

　　饲养要诀：成鱼和幼鱼都很贪吃。草食性，可喂藻类及人工专用饵料。饲养水温 26℃，比重 1.022。

　　注意事项：幼鱼和成鱼的体色、斑纹完全不同。

巴西神仙鱼 盖刺鱼科

巴西神仙鱼

观赏指数：★★★★
饲养难度：★★
市场价位：中
身长：可达 35 厘米

  饲养要诀：栖息在珊瑚礁区海域，通常成对出现。杂食性，主要的食物是海绵和藻类。

  注意事项：可以长得很大，因此需要较大的水族箱。具有强烈的领域性，会攻击其他入侵的鱼。

阿拉伯神仙鱼 （**半月神仙鱼**）盖刺鱼科

阿拉伯神仙鱼

观赏指数：★★★★★
饲养难度：★★
市场价位：中
身长：可达 35 厘米

  饲养要诀：杂食性，以海绵、藻类及附着生物为食。很容易饲养，摄食很快。饲养水温 26℃，比重 1.022。

六间神仙鱼 盖刺鱼科

六间神仙鱼

观赏指数：★★★★
饲养难度：★★
市场价位：中
身长：可达 40 厘米

　　饲养要诀：杂食性，以海藻、底栖动物等为食，可喂甲壳类冷冻食品及人工专用饵料。饲养水温 26℃，比重 1.022。

　　注意事项：性情凶暴，会攻击同种或近似的鱼种。饲养时避免同种混养。

蓝面神仙鱼 （黄头盖刺鱼）盖刺鱼科

蓝面神仙鱼

观赏指数：★★★★★
饲养难度：★★
市场价位：中
身长：可达 45 厘米

　　饲养要诀：在珊瑚礁丛中生活。成鱼很快会吃饵料，易养。杂食性，人工饲养可喂动物性、植物性冷冻食品及人工专用饵料。

　　注意事项：同种间有激烈争斗，要避免同种混养。

蓝带神仙鱼 盖刺鱼科

观赏指数：★ ★ ★ ★ ★
饲养难度：★ ★ ★ ★
市场价位：高
身长：可达 30 厘米

蓝带神仙鱼

　　饲养要诀：杂食性，以海绵、藻类及附着生物为食，人工饲养可喂动物性或植物性饵料及人工专用饵料。饲养水温 26℃，比重 1.022。

　　注意事项：生性温和，不会欺负弱小的鱼。饲养时必须有充足的游动空间和躲避场所。

女王神仙鱼 盖刺鱼科

观赏指数：★ ★ ★ ★ ★
饲养难度：★ ★ ★ ★
市场价位：高
身长：可达 30 厘米

女王神仙鱼

　　饲养要诀：单独活动或成对出现。杂食性，以海绵为主食，水族箱中可喂动物性、植物性饵料及人工专用饵料。饲养水温 26℃，比重 1.022。

　　注意事项：幼鱼的斑纹与成鱼不同。

红海刺尾鱼 刺尾鱼科

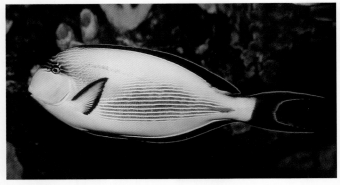

观赏指数：★★★★★

饲养难度：★★

市场价位：高

身长：可达 40 厘米

红海刺尾鱼

饲养要诀：通常在岩礁区或岩礁平台的浅水海域活动。草食性，以藻类为主食。饲养水温 26℃，比重 1.028。

注意事项：具有很强的群聚性及领域性，水族箱要有足够的游动空间。

心斑刺尾鱼 刺尾鱼科

观赏指数：★★★★★

饲养难度：★★

市场价位：高

身长：可达 28 厘米

心斑刺尾鱼

饲养要诀：喜栖息于沿岸岩礁或珊瑚礁区，特别是水流动较为强劲或近岸激浪较为猛烈的区域。以藻类为食，可喂菠菜、莴苣、紫菜及人工专用饵料。饲养水温 26℃，比重 1.022。

注意事项：喜游动，需较大的水体。

高鳍刺尾鱼 刺尾鱼科

观赏指数：★ ★ ★ ★ ★

饲养难度：★ ★

市场价位：低

身长：可达 40 厘米

高鳍刺尾鱼

高鳍刺尾鱼（幼鱼）

　　饲养要诀：生活于浅海珊瑚礁区，多见于水深 5~10 米的海域，集群生活。杂食性，喜食藻类、虾蟹、珊瑚虫等，人工饲养可喂藻类、无脊椎动物饵料及人工专用饵料。饲养水温 26℃，比重 1.022。

彩带刺尾鱼 （纹倒吊鱼）刺尾鱼科

观赏指数：★★★★★

饲养难度：★★

市场价位：低

身长：可达 30 厘米

彩带刺尾鱼

饲养要诀：喜集群生活在低潮线下离岸不远的浅水处。雄鱼带领一群雌鱼，具有很强的领域行为，偶尔会单独游动。草食性，以藻类为主食。饲养水温 26℃，比重 1.022。

珍珠大帆刺尾鱼 刺尾鱼科

观赏指数：★ ★ ★ ★ ★

饲养难度：★ ★

市场价位：低

身长：可达 40 厘米

珍珠大帆刺尾鱼

　　饲养要诀：草食性鱼类，以海洋中的海藻及海草为食，可喂菠菜、莴苣、紫菜及人工专用饵料。饲养水温 26℃，比重 1.022。

　　注意事项：喜游动，需较大的水体。

天狗刺尾鱼 刺尾鱼科

观赏指数：★ ★ ★ ★

饲养难度：★ ★

市场价位：低

身长：可达 45 厘米

天狗刺尾鱼

　　饲养要诀：草食性，喜食藻类，人工饲养可喂菠菜、香菜、莴苣、紫菜、海带等，及人工专用饵料。饲养水温 26℃，比重 1.022。

中胸普提鱼 （三色龙鱼）隆头鱼科

观赏指数：★ ★ ★ ★ ★

饲养难度：★ ★

市场价位：低

身长：可达 30 厘米

中胸普提鱼

　　饲养要诀：喜在珊瑚礁中觅食底栖小动物。食量大，整天忙于寻找食物。人工饲养可喂动物性饵料。饲养水温 26℃，比重 1.020。

　　注意事项：饲养时注意增加供饵次数。

棕红拟盔鱼 隆头鱼科

观赏指数：★ ★ ★ ★ ★

饲养难度：★ ★

市场价位：低

身长：可达 30 厘米

棕红拟盔鱼

　　饲养要诀：性情胆怯。肉食性，人工饲养可喂冰冻鱼虾肉、丰年虾、水蚯蚓和人工专用饵料。饲养水温 26℃，比重 1.022。

皇冠盔鱼 隆头鱼科

皇冠盔鱼（幼鱼）

观赏指数：	★ ★ ★ ★ ★
饲养难度：	★ ★
市场价位：	低
身长：	可达 35 厘米

皇冠盔鱼

　　饲养要诀：会潜砂过夜。肉食性，喜吃海胆、贝、蟹等，人工饲养可喂动物性饵料及人工专用饵料。饲养水温 26℃，比重 1.020。

新月锦鱼 （绿花龙鱼）隆头鱼科

新月锦鱼

观赏指数：★★★★★

饲养难度：★★

市场价位：低

身长：可达 30 厘米

饲养要诀： 肉食性，可喂动物性饵料及人工专用饵料。饲养水温26℃，比重1.022。

注意事项： 需较大的活动空间，与其混养的鱼要能忍受它不停地游动。

白鹦哥鱼 （二色大鹦嘴鱼）隆头鱼科

白鹦哥鱼

观赏指数：★★★★

饲养难度：★★

市场价位：低

身长：可达 90 厘米

饲养要诀： 栖息在外海珊瑚礁与砂地交错处。平时行动缓慢，遇到危险时能在短距离内作瞬间躲闪。主食藻类，也吃动物性饵料和小虫，人工饲养可喂些紫菜。

注意事项： 幼鱼非常适合饲养，成鱼体型过大，不太适合饲养。

鳃斑盔鱼 （红喉盔鱼）隆头鱼科

鳃斑盔鱼

观赏指数：★ ★ ★ ★ ★

饲养难度：★ ★

市场价位：低

身长：可达 120 厘米

饲养要诀：日间多栖息在珊瑚礁区的砂沟，夜间会潜入砂中过夜。肉食性，捕食软体动物、寄居蟹等为食，人工饲养可喂动物性饵料及人工专用饵料。饲养水温26℃，比重 1.020。

注意事项：幼鱼非常适合饲养，成鱼体型过大，不太适合饲养。

叉斑锉鳞鲀鱼 鳞鲀科

叉斑锉鳞鲀鱼

观赏指数：★ ★ ★ ★ ★

饲养难度：★ ★

市场价位：低

身长：可达 30 厘米

饲养要诀：肉食性，以虾、蟹、海胆、海星等为食，饲养水温 26℃，比重 1.022。

注意事项：在水族箱中会口含碎珊瑚掘坑取乐。

波纹钩鳞鲀鱼 鳞鲀科

观赏指数：★★★★★

饲养难度：★★

市场价位：低

身长：可达 30 厘米

波纹钩鳞鲀鱼

  饲养要诀：栖息于珊瑚茂密的水域。会将卵产于碎石或砂地上的海绵丛中，具有领域性。肉食性，以珊瑚虫及其他无脊椎动物为食。饲养水温 26℃，比重 1.022。

  注意事项：非常贪吃，饥饿时会咬其他弱小的鱼。

红牙鳞鲀鱼 鳞鲀科

观赏指数：★★★★

饲养难度：★★

市场价位：低

身长：可达 50 厘米

红牙鳞鲀鱼

  饲养要诀：栖息于珊瑚礁区。肉食性，对食物并不挑剔。喜光，在温和的水域生活。通常上千尾群聚。繁殖容易。亲鱼会保护在巢内产下的卵。饲养水温 26℃，比重 1.022。

花斑拟鳞鲀鱼 鳞鲀科

观赏指数：★ ★ ★ ★ ★

饲养难度：★ ★

市场价位：中

身长：可达 50 厘米

花斑拟鳞鲀鱼

　　饲养要诀：栖息在水深 3~70 米的珊瑚礁水域，幼鱼常活动于礁缝或岩洞中。性情温和，很少攻击其他鱼类。喜爱以底栖无脊椎小动物为食。饲养水温 26℃，比重 1.022。

　　注意事项：幼鱼较难饲养。

黑边角鳞鲀鱼 鳞鲀科

观赏指数：★ ★ ★ ★ ★

饲养难度：★ ★

市场价位：低

身长：可达 35 厘米

黑边角鳞鲀鱼

　　饲养要诀：栖息于水质洁净的珊瑚礁区海域，特别是水流较畅通的地方。杂食性，以藻类、小鱼及无脊椎动物为食。饲养水温 26℃，比重 1.022。

角箱鲀鱼 （长角牛鱼）箱鲀科

角箱鲀鱼

观赏指数：★ ★ ★ ★ ★
饲养难度：★ ★
市场价位：低
身长：可达 50 厘米

饲养要诀： 栖息在礁区附近的砂地，季节性大量出现。幼鱼常常隐藏在漂流的海藻中随波漂流。肉食性，以底栖无脊椎动物为食。饲养水温 25℃，比重 1.023。

注意事项： 受惊时会分泌毒素，故不能和其他鱼共养。

大斑肩背鲀鱼 （刺鲀鱼）刺鲀科

大斑肩背鲀鱼

观赏指数：★ ★ ★ ★
饲养难度：★ ★
市场价位：低
身长：可达 50 厘米

饲养要诀： 能适应各种不同底质的栖息环境，活动深度可达 100 米。平时单独活动，繁殖季节才大量聚集。肉食性，以鱼类和各种底栖无脊椎动物为食。饲养水温 26℃，比重 1.022。

注意事项： 不能与无脊椎动物混养。

狗头鱼 四齿鲀科

观赏指数：★ ★ ★ ★
饲养难度：★ ★
市场价位：低
身长：可达 40 厘米

狗头鱼

狗头鱼

饲养要诀：性情温和，攻击性小，可以混养。鲀科鱼大部分有毒，而狗头鱼无毒。主食珊瑚特别是鹿角珊瑚的尖端，有时也吃甲壳类和贝类动物。饲养水温 26℃，比重 1.022。

注意事项：体色变化复杂，白色、灰色、青色至黑色均有。

纹腹叉鼻鲀鱼 四齿鲀科

观赏指数：★★★★

饲养难度：★★

市场价位：低

身长：可达 50 厘米

纹腹叉鼻鲀鱼

纹腹叉鼻鲀鱼

饲养要诀：贪吃，主食底栖无脊椎动物，人工饲养可喂动物性饵料。饲养水温 26℃，比重 1.022。

星斑叉鼻鲀鱼 四齿鲀科

星斑叉鼻鲀鱼

| 观赏指数：★ ★ ★ |
| 饲养难度：★ ★ |
| 市场价位：低 |
| 身长：可达 60 厘米 |

　　饲养要诀：贪吃，易养，食底栖生物，人工饲养可喂动物性饵料。饲养水温 26℃，比重 1.022。

四带笛鲷 笛鲷科

四带笛鲷

| 观赏指数：★ ★ ★ ★ ★ |
| 饲养难度：★ ★ |
| 市场价位：低 |
| 身长：可达 30 厘米 |

　　饲养要诀：属暖水性鱼类。常见于热带珊瑚礁海域。偏肉食杂食性，人工饲养可喂人工干料、鱼肉、小虾等。

　　注意事项：平常以数十数百尾聚成大群活动，幼鱼容易饲养，抢食凶猛，食量大。

圆点石斑鱼 （驼背鲈鱼）鮨科

观赏指数：★★★★★
饲养难度：★★
市场价位：低
身长：可达 60 厘米

圆点石斑鱼

饲养要诀： 觅食时头朝下游动。肉食性。饲养水温 26℃，比重 1.022。

注意事项： 只要有足够的空间和藏身场所，幼鱼就极易适应水族箱的生活。

丽皇鱼 石鲈科

观赏指数：★★★★★
饲养难度：★★
市场价位：中
身长：可达 50 厘米

丽皇鱼

饲养要诀： 肉食性，可喂动物性饵料及人工专用饵料。饲养水温 26℃，比重 1.022。

注意事项： 游速快，但胆小，易受惊吓。可与小型鱼类混养。

枝异孔石鲈鱼 （**大西洋石鲈鱼**）石鲈科

观赏指数：	★ ★ ★ ★ ★
饲养难度：	★ ★
市场价位：	低
身长：	可达 38 厘米

枝异孔石鲈鱼

饲养要诀：游速敏捷。肉食性，以捕食小型鱼类为食。人工饲养可喂动物性饵料及人工专用饵料。饲养水温 26℃，比重 1.022。

注意事项：游速快，但胆小，易受惊吓。可与小型鱼类混养。

红花旦鱼 （**东方石鲈鱼**）石鲈科

观赏指数：	★ ★ ★ ★ ★
饲养难度：	★ ★
市场价位：	低
身长：	可达 40 厘米

红花旦鱼

饲养要诀：在珊瑚礁区的砂地活动。肉食性，可喂无脊椎动物饵料及人工专用饵料。饲养水温 26℃，比重 1.022。

花旦石鲈鱼 石鲈科

花旦石鲈鱼

观赏指数：★★★★

饲养难度：★★

市场价位：低

身长：可达 90 厘米

饲养要诀：属暖水性下层鱼类。偏肉食杂食性，可喂人工专用饵料、鱼肉、小虾等。饲养水温 26℃，比重 1.022。

注意事项：幼鱼时圆点较大，非常可爱，适合饲养。随着生长，圆点慢慢变小。成鱼体型较大，需要大型水族箱。

燕子花旦鱼 （**小丑石鲈鱼**）石鲈科

燕子花旦鱼

观赏指数：★★★★

饲养难度：★★

市场价位：低

身长：可达 45 厘米

饲养要诀：肉食性，可喂无脊椎动物饵料及人工专用饵料。饲养水温 26℃，比重 1.022。

注意事项：饲养初期常有拒食现象，须耐心驯饵。

白边锯鳞鱼 （勇士鱼）鳂科

观赏指数：★★★★

饲养难度：★★

市场价位：低

身长：可达 30 厘米

白边锯鳞鱼

饲养要诀：栖息于珊瑚礁海区。肉食性，以底栖生物及鱼类为食。饲养水温 26℃，比重 1.022。

翱翔蓑鲉鱼 （**魔鬼蓑鲉鱼**）鲉科

翱翔蓑鲉鱼

观赏指数：★★★★★
饲养难度：★★
市场价位：低
身长：可达 35 厘米

饲养要诀：栖息于浅水珊瑚礁区，游泳缓慢，常静止于水中或以腹面紧贴岩壁来保护自己，以宽大的胸鳍来驱赶小鱼，以利于捕食。肉食性，可喂甲壳类动物饵料。饲养水温 26℃，比重 1.022。

注意事项：背鳍的硬棘有毒，须注意。不可与小型鱼类混养。

黑鲶鱼 鳗鲶科

黑鲶鱼

观赏指数：★★★
饲养难度：★★
市场价位：低
身长：可达 30 厘米

饲养要诀：幼鱼时常聚在一起，呈球状。长大后，分开生活。杂食性，可喂动物性或植物性饵料。饲养水温 26℃，比重 1.022。

注意事项：单独饲养成群的幼鱼，非常壮观。

叶海龙鱼 海龙科

观赏指数：★★★★★

饲养难度：★★★★

市场价位：高

身长：可达 35~45 厘米

叶海龙鱼

  饲养要诀：主要栖息在隐蔽性较好的礁石和海藻生长密集的浅海水域。生活习性和食物习性都与海马很相似。肉食性，捕食小型甲壳动物、浮游生物、海藻和其他细小的漂浮残骸。会模仿海草随波漂浮。雌性叶海龙将卵寄生在雄性海龙的尾上直到卵孵化。由于嘴部尖长细小，因此只能吸食细小的饵料，可喂动物性浮游生物。

  注意事项：应饲养在较大的水族箱中，提供树枝让其隐蔽和攀附。

五彩鳗鱼 海鳝科

观赏指数：★ ★ ★ ★ ★

饲养难度：★ ★

市场价位：中

身长：可达 120 厘米

五彩鳗鱼

　　饲养要诀：喜栖息于珊瑚礁石缝中。每当潮流带来浮游生物时，它们就会从小洞中伸出半个身子觅食。肉食性，可喂动物性饵料。饲养水温 26℃，比重 1.022。

　　注意事项：能把极长的身体卷起来，塞进很小的裂缝中，或绕在岩石与珊瑚礁上，所以水族箱中要为其提供隐蔽处（珊瑚和岩石等）。

花鳍鳗鱼 海鳝科

观赏指数：★ ★ ★ ★ ★

饲养难度：★ ★

市场价位：中

身长：可达 80 厘米

花鳍鳗鱼

　　饲养要诀：喜栖息于珊瑚礁石缝中。属夜行性肉食鱼类，以鱼及甲壳类动物为食，人工饲养可喂动物性饵料及人工专用饵料。饲养水温 26℃，比重 1.022。

常见海洋无脊椎动物
饲养与观赏

无脊椎动物体形千姿百态，色彩五彩斑斓。其中人们较为熟知的有虾、蟹、海绵、海葵、珊瑚、螺、贝、海星、海参、水母等。这些海洋无脊椎动物的生活习性不同，有些栖息于海底（如海参、海星），有些喜欢遨游于海洋不同深度的水域中（如鱿鱼、章鱼），有些随波逐流，四处为家（如水母）。其中，有一部分海洋无脊椎动物可以饲养在水族箱中。

　　水族箱饲养海洋无脊椎动物，与饲养珊瑚礁鱼类有些不同，一般不太注重使用过滤器，只要有一部强力的小型水泵，使水循环达到适当的水流强度就行。此外，光线要比较强烈，足够使箱中的藻类进行光合作用。至于海洋无脊椎动物的食物，现在还在研究之中，一般海葵喂一些小片虾肉，珊瑚喂轮虫、幼体丰年虾、水母液体饵料，并补充海水微量元素就可以了。

　　饲养海洋无脊椎动物时还要注意以下8点：

　　（1）pH要保持在8左右。

　　（2）许多无脊椎动物不太移动，死在水族箱中，也很难及时被发现，需要多加注意；否则水质易变坏。

　　（3）无脊椎动物对药剂敏感，水族箱中的鱼生病时，不要将药剂直接倒入，而要将病鱼取出后用药。

　　（4）有些无脊椎动物对水质变化很敏感，不要把它们立即从袋中放入水族箱中，必须先放在预备箱中，再把水族箱中的水慢慢放入。等它习惯后，再放入水族箱中。

　　（5）饲养虾、蟹时必须为它们设置隐蔽场所。

　　（6）最好不要放入小型的珊瑚礁鱼，因为有些无脊椎动物是捕食小鱼的能手。

　　（7）绝对不要将以无脊椎动物为食的鱼类与无脊椎动物饲养在一起。

　　（8）饲养无脊椎动物不需要太大的水族箱，但需要经常更换部分海水。

珊瑚寄居蟹 节肢动物门

珊瑚寄居蟹

观赏指数：★★★★★
饲养难度：★
市场价位：低
身长：约8厘米

饲养要诀：珊瑚寄居蟹长期待在水中，常有海葵在其外壳上共生。每次蜕皮，身体长大后，就要换一个更合适的新螺壳。肉食性，以捕捉海中的小鱼为生。

海葵蟹 节肢动物门

海葵蟹

观赏指数：★★★★★
饲养难度：★
市场价位：低
身长：可达60厘米

饲养要诀：通常成对居住，不可同性饲养在一起，可和各种不同的海葵共栖。杂食性，以捕捉微小的无脊椎生物及小鱼为食。饲养水温20~25℃，适宜强光下生活。

注意事项：水族箱中要有寄生的海葵。

印度清洁虾 节肢动物门

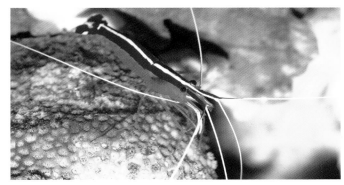

观赏指数：★★★★★
饲养难度：★
市场价位：低
身长：可达 6 厘米

印度清洁虾

　　饲养要诀：栖息于珊瑚礁石缝或洞中，常数十尾挤在一起。习惯环境后会攀到大鱼身上捡吃附着物，帮助大鱼清洁身体，故名"清洁虾"。饲养水温 20~27℃。

　　注意事项：可小群饲养，在水族箱中须提供藏匿场所。

美人虾 节肢动物门

观赏指数：★★★★★
饲养难度：★
市场价位：低
身长：可达 6 厘米

美人虾

　　饲养要诀：杂食性，常会攀到大鱼身上捡吃附着物。饲养水温 21~28℃。

　　注意事项：同种间除少数雌雄可和平相处外，大多会争斗，常会因打斗而导致大螯断落。

砗磲贝 软体动物门

观赏指数：★ ★ ★ ★ ★

饲养难度：★ ★

市场价位：中

砗磲贝

　　饲养要诀：生活在阳光充足处，因此可以从共生的单细胞黄藻上得到营养。黄藻生存在砗磲贝外套膜表面的 Z 形管中，利用光合作用，产生砗磲贝需要的营养物质，而砗磲贝的代谢物又成了黄藻的食物，从而形成了非常密切的共生关系。饲养水温 20~31℃。

　　注意事项：给予充足的光照。

火焰贝 软体动物门

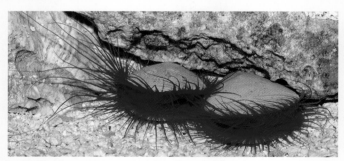

观赏指数：★ ★ ★ ★ ★

饲养难度：★

市场价位：低

火焰贝

　　饲养要诀：喜躲藏于阴暗的缝隙间。营滤食性生活，以浮游生物为食。饲养水温 25℃左右。

　　注意事项：在水族箱中较难长期饲养。

海苹果 棘皮动物门

观赏指数：★ ★ ★ ★ ★

饲养难度：★

市场价位：低

身长：可达 15~20 厘米

海苹果

　　饲养要诀：不需要单独喂食，因为它们的呼吸树可以作为捕食的触手来摄取水中的软体饵料。海苹果多数会爬至缸壁接近水面的顶端。与海参不同处是，它遇敌时不会将内脏吐出。可摄食小型的浮游生物、冷冻食物、轮虫及悬浮类饵料。饲养水温 23~26℃。

　　注意事项：有毒性很强的毒素，当它们受伤或死亡时会将之释放出来。饲养时要避免与有坚硬棘刺的种类混养。

面包海星 （馒头海星）棘皮动物门

面包海星

观赏指数：★ ★ ★ ★
饲养难度：★
市场价位：低

面包海星

饲养要诀：肉食性，以活珊瑚虫为食。饲养水温 24~26℃。

注意事项：有许多体色上的变异。

正海星 棘皮动物门

观赏指数：★ ★ ★ ★ ★
饲养难度：★
市场价位：低

正海星（紫色）

正海星

　　饲养要诀：应保持水质良好。肉食性，可将虾、鱼等切碎后喂之，但每天喂食不可超过 1 次。饲养水温 24~26℃。

　　注意事项：有许多体色上的变异。

羽枝 棘皮动物门

观赏指数：★★★★★
饲养难度：★
市场价位：低

羽枝

羽枝

　　饲养要诀：属海百合纲，海百合是现存棘皮动物门中最古老的一纲。多栖息于弱水流的岩石或珊瑚礁表面。杂食性，以浮游生物及有机物碎片为食。

魔鬼海胆 棘皮动物门

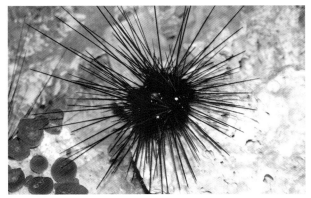

魔鬼海胆

观赏指数：★ ★ ★ ★

饲养难度：★ ★ ★

市场价位：低

身长：内壳直径可达 10 厘米以上，黑色的棘刺可达 15 厘米以上

饲养要诀： 生活在珊瑚礁区的潮池或低潮线附近，有成群出现的情形。夜晚出来觅食，以岩石上的藻类为生。繁殖期在 7 月。

注意事项： 棘刺有毒性，须注意。

莲花管虫 环节动物门

莲花管虫

观赏指数：★ ★ ★ ★

饲养难度：★

市场价位：低

饲养要诀： 住在自行分泌的膜管中，膜管深入珊瑚礁石。摄食小型浮游生物，也可喂轮虫、幼体丰年虾、颗粒细小的商品饵料等。饲养水温 24~26℃。

注意事项： 良好的水质对饲养成功很重要。

橘红海绵 海绵动物门

观赏指数：★★★★
饲养难度：★★
市场价位：低

橘红海绵

饲养要诀： 在水族箱中可喂人工轮虫、水母液体饵料等，补充海水微量元素。

彩色水母 腔肠动物门

观赏指数：★★★★
饲养难度：★★★★
市场价位：低

彩色水母

饲养要诀： 水流不可太强，过滤系统应尽量减少气泡的产生。可喂水母液体饵料、丰年虾等。饲养水温 18~25℃。

注意事项： 最好在独立的水族箱中饲养。

紫点海葵 腔肠动物门

紫点海葵

观赏指数：★ ★ ★ ★ ★

饲养难度：★

市场价位：低

紫点海葵

　　饲养要诀：喜欢单独生活在不硬的海底地层上或岩洞等处。有性生殖，在6~7月，将精子及卵射出受精。水族箱中可喂食小虾、鱼肉及冷冻饵料。饲养水温18~22℃。

地毯海葵 腔肠动物门

观赏指数：★ ★ ★ ★

饲养难度：★

市场价位：低

地毯海葵

饲养要诀：喜独居，躯体上会有许多寄生的小鱼，小丑鱼就很喜欢它。肉食性，可喂小虾、贝壳类、鱼肉或冷冻饵料。饲养水温 23~27℃。

注意事项：需要间隙很深的石缝藏身，适宜在大水族箱中饲养。

白千手佛珊瑚 腔肠动物门

白千手佛珊瑚

观赏指数：★ ★ ★ ★

饲养难度：★

市场价位：低

饲养要诀：通常在夜间活动，独自居住在无漩涡侵扰的海底，有时会和鱼类共生。饲养在水族箱中，至少需要 10 厘米厚的砂，以便藏身栖息。可喂食海贝类动物的碎肉、冷冻饵料等，每周喂食两次即可。饲养水温 22~28℃。

注意事项：如生存环境良好且喂食不过量，可存活很久。

大椰头珊瑚 腔肠动物门

观赏指数：★ ★ ★ ★ ★

饲养难度：★ ★

市场价位：低

大椰头珊瑚

饲养要诀： 生活在珊瑚礁临近砂地的海域。以滤食水中的浮游生物为食，体内有共生的水藻。可喂人工丰年虾、水母液体饵料，并补充海水微量元素等。饲养水温 23~26℃。

平滑气孔珊瑚 腔肠动物门

观赏指数：★ ★ ★ ★

饲养难度：★

市场价位：低

平滑气孔珊瑚

饲养要诀： 生活在珊瑚礁的底部或水混浊度较高的海域。以浮游生物为食，水族箱中喂食与其他珊瑚相同。饲养水温 22~26℃。

雏菊珊瑚 腔肠动物门

观赏指数：★★★★
饲养难度：★
市场价位：低

雏菊珊瑚

  饲养要诀：通常生活在隐蔽的浅水区。无性分裂生殖。以滤食水中的有机物质为生，人工饲养可喂丰年虾、水母液体饵料，并补充海水微量元素等。饲养水温22~26℃。

绿钮扣珊瑚 腔肠动物门

观赏指数：★★★★★
饲养难度：★
市场价位：低

绿钮扣珊瑚

  饲养要诀：群体居住在阳光充足、水质良好的海域，和性情温和的小型鱼类及软体动物共居。水族箱中喂食与其他珊瑚相同。饲养水温24~30℃。

  注意事项：最怕毛藻的侵害，可饲养一些专吃海藻的鱼类，以抑制毛藻的生长。

香菇珊瑚 腔肠动物门

观赏指数：★ ★ ★

饲养难度：★

市场价位：低

香菇珊瑚

香菇珊瑚

饲养要诀：喜欢和中大型的虾共生，不喜欢与小型清洁虾及小鱼共生，因为这些小生物常会阻塞它的触毛。水族箱中喂食与其他珊瑚相同。饲养水温 22~28℃。

星形棘柳珊瑚 腔肠动物门

观赏指数：★★★★★

饲养难度：★

市场价位：低

星形棘柳珊瑚

      饲养要诀：通常生活在礁石的侧面，并不常见。喜栖息于中、微光带，无性生殖。水族箱中喂食与其他珊瑚相同。饲养水温 16~18℃。

圣诞树珊瑚 腔肠动物门

观赏指数：★ ★ ★ ★

饲养难度：★

市场价位：低

圣诞树珊瑚

　　饲养要诀：此珊瑚无法附着在珊瑚礁坚硬的表面，只能生长在缝隙较多或质地松软的地方，特别喜欢在水流较急、昏暗的地区活动。无性生殖。以浮游生物为食，水族箱中喂食与其他珊瑚相同。饲养水温 16~18℃。

太阳花珊瑚 腔肠动物门

观赏指数：★★★★★
饲养难度：★★
市场价位：低

太阳花珊瑚

　　饲养要诀：生活在海底深 20 米以上的水域洞穴中，也有独居的个体。有性生殖，喜栖息于中光带，以海中浮游生物为食。水族箱中喂食与其他珊瑚相同。饲养水温 23~25℃。

太阳花珊瑚